TensorFlow开发入门

基于Keras的深度学习模型的构建方法

[日] 太田满久　须藤広大　黑泽匠雅　小田大辅　著　杨鹏　译

SE SHOEISHA

中国水利水电出版社
www.waterpub.com.cn
·北京·

内 容 提 要

《TensorFlow 开发入门》是一本面向 AI 工程师的入门书籍，介绍了从 TensorFlow 基础知识到使用一个高级 API——Keras 构建深度学习模型的相关内容。全书共 12 章，分 2 部分进行介绍，其中第 1 部分为基础篇，介绍了深度学习、TensorFlow 和 Keras 的基础知识；第 2 部分为应用篇，介绍了如何使用 Keras 在图像处理中构建深度学习模型，如“噪声去除”“自动着色”“超分辨率成像”“画风转换”和“图像生成”等。本书示例丰富，可操作性较强，配套代码与 Jupyter Notebook 兼容，特别适合想从事人工智能开发、机器学习 / 深度学习工程师作为参考书学习。

图书在版编目（CIP）数据

TensorFlow 开发入门 / (日) 太田满久等著 ; 杨鹏译 . — 北京 : 中国水利水电出版社 , 2021.10

ISBN 978-7-5170-9280-3

Ⅰ . ① T… Ⅱ . ①太… ②杨… Ⅲ . ①人工智能—算法—研究 Ⅳ . ① TP18

中国版本图书馆 CIP 数据核字 (2020) 第 268983 号

北京市版权局著作权合同登记号　图字：01-2020-7213

书　名	TensorFlow 开发入门 TensorFlow KAIFA RUMEN
作　者	［日］太田满久　须藤広大　黑泽匠雅　小田大辅　著
译　者	杨鹏　译
出版发行	中国水利水电出版社 （北京市海淀区玉渊潭南路1号D座 100038） 网址：www.waterpub.com.cn E-mail：zhiboshangshu@163.com 电话：（010）62572966-2205/2266/2201（营销中心）
经　售	北京科水图书销售中心（零售） 电话：（010）88383994、63202643、68545874 全国各地新华书店和相关出版物销售网点
排　版	北京智博尚书文化传媒有限公司
印　刷	北京富博印刷有限公司
规　格	148mm×210mm　32开本　8.25印张　268千字
版　次	2021年10月第1版　2021年10月第1次印刷
印　数	0001—3000册
定　价	89.80元

PREFACE

前 言

本书的目的是让读者体验深度学习技术在图像处理中的应用。近年来，随着深度学习的兴起，市面上出现了很多在理论上讲解得十分到位的书籍。的确，要想熟练运用深度学习，学好理论是非常重要的，也是无法避免的。

但是，让人们在早期阶段就得到“深度学习还能做这种事！”“深度学习只有这点程度吗？”“深度学习需要这么多数据！”“参数的调整原来这么麻烦！”这些直观的感觉，也是很重要的。

作为一个想要成为人工智能专业工程师的读者，首先试着操作一下，对所学领域有一个大致了解，然后根据自己的喜好制定一个学习方向，再开始学习基础理论，这也是一种不错的学习方式。

本书大致分为两部分。

第1部分介绍深度学习和TensorFlow、Keras的基础知识，第2部分则介绍了在Keras中实现图像处理中深度学习模型的方法。当然，第1部分并没有对深度学习相关知识进行全面解说，而是对学习本书必备的最低限度的知识进行了讲解，只有掌握了第1部分内容才能更好地理解第2部分内容。

第2部分则针对“体验”深度学习所必需的知识进行讲解，涵盖去噪、自动着色、超分辨率成像、画风转换和图像生成等深度学习应用，而这些都是基于一个名为AutoEncoder（自编码器）的结构发展而来的模型。所以我认为无论哪种模型，网络结构本身都是非常相似的。用一个结构就能应对如此多的任务，我想这也是探索深度学习的乐趣之一。如果能发现、体会并把握“每个创意都可能开发出新的功能”这一点，那就太棒了。

另外，本书所有示例代码和数据都是Jupyter Notebook格式，读者可以下载后使用。请立即行动起来，体验深度学习的乐趣吧！

太田满久　须藤広大　黑泽匠雅　小田大辅

Audience and Structure

本书的适用读者及结构

本书是一本介绍利用TensorFlow和Keras实现深度学习模型的入门书籍。读者将学习到从TensorFlow基础知识到使用高级API Keras构建实用型深度学习模型的方法。

适用读者

本书以“想要成为深度学习工程师”的读者为对象。因为书中尽量避免使用数学公式进行讲解，所以读者只要具备高中程度的数学能力就可以阅读本书。

本书结构

基础篇从环境构建开始，介绍深度学习和TensorFlow、Keras的基础知识。应用篇则使用Keras以案例的形式来挑战构建图像处理中应用的深度学习模型。

本书在带领读者掌握TensorFlow和Keras功能的同时，还能够培养读者的即战力——职场实用型深度学习模型开发的应对能力。

Part 1	基础篇	
	第 1 章	机器学习库TensorFlow和Keras
	第 2 章	构建开发环境
	第 3 章	利用简单示例了解TensorFlow基础知识
	第 4 章	神经网络和Keras
	第 5 章	利用Keras实现CNN
	第 6 章	预训练模型的使用
	第 7 章	常用的Keras功能
Part 2	应用篇	
	第 8 章	用CAE去噪
	第 9 章	自动着色
	第10章	超分辨率成像
	第11章	画风转换
	第12章	图像生成

About the Sample

本书示例的运行环境、示例程序的介绍

本书示例的运行环境

为确保本书每一章的示例都可以顺利运行，请读者确认自己的设备是否符合以下要求。此外，需要GPU才能运行第2部分中的演示程序。有关如何安装TensorFlow-GPU等的信息，可以参阅本书示例程序附带的补充资料。

第一部分

OS：Windows 10
CPU：Intel Core i5 3.00GHz，4核
内存：8GB
GPU：无
Python：3.5.4/3.5.5
Anaconda：5.0.1
TensorFlow：1.5.0

第二部分

OS：Ubuntu 16.04.4 LTS
CPU：Intel Xeon E5-1650 v4 3.60GHz、6核
内存：64GB
GPU：GeForce GTX 1080 Ti
Python：3.5.4/3.5.5
TensorFlow-GPU：1.5.0

关于本书的配套文件及联系方式

本书中所介绍的示例代码等配套资源，可通过下面的方式下载：

(1)扫描右侧的二维码，或在微信公众号中直接搜索“人人都是程序猿”，关注后输入tf9283并发送到公众号后台，即可获取资源的下载链接。

(2)将链接复制到计算机浏览器的地址中，按Enter键即可下载资源。注意，在手机中不能下载，只能通过计算机浏览器下载。

(3)如果对本书有什么意见或建议，请直接将信息反馈到2096558364@QQ.com邮箱，我们将根据你的意见或建议及时做出调整。

关于免责声明

本书编辑部和作者保证示例程序在正常运行中没有任何问题，但作者和翔泳社不对运行造成的任何损失承担任何责任。使用时请自行负责。

免责声明

本书及配套文件的内容是基于截至2018年10月的相关的法律。

本书及配套文件中所记载的URL可能在未提前通知的情况下发生变更。

本书及配套文件中提供的信息虽然在本书出版时力争做到描述准确，但是无论是作者本人还是出版商都对本书的内容不做任何保证，也不对读者基于本书的示例或内容所进行的任何操作承担任何责任。

本书及配套文件中所记载的公司名称、产品名称都是各个公司所有的商标和注册商标。

本书中所刊登的示例程序、脚本代码、执行结果及屏幕图像都是基于经过特定设置的环境中所重现的参考示例。

关于著作权

翔泳社　编辑部

目 录

Part 1 基 础 篇

Chapter 2 构建开发环境 032

Chapter 3 利用简单示例了解 TensorFlow 基础知识 048

Part 2 应 用 篇

Chapter 9　自动着色　162

Chapter 10　超分辨率成像　178

Chapter 11 画风转换 193

Chapter 12 图像生成 222

Part 1 基础篇

本篇介绍了TensorFlow深度学习的概念、程序库的使用方法及简单的分类问题等。

CHAPTER 1

机器学习库 TensorFlow 和 Keras

本章概述了开放源码软件的机器学习库TensorFlow和Keras。

1.1 TensorFlow与深度学习

本节将对TensorFlow及其主要应用场合中的深度学习概念进行简单说明。

1.1.1　TensorFlow是什么

TensorFlow是以Google为中心开发的开源软件（OSS）中的机器学习库。最初， Google Brain团队（见图1.1）研发该软件只是为了内部使用。

Home　Publications　People　**Teams**　Outreach　Blog　Work at Google

Google Brain Team

Make machines intelligent. Improve people's lives.

Research Freedom

Google Brain team members set their own research agenda, with the team as a whole maintaining a portfolio of projects across different time horizons and levels of risk.

Google Scale

As part of Google and Alphabet, the team has resources and access to projects impossible to find elsewhere. Our broad and fundamental research goals allow us to actively collaborate with, and contribute uniquely to, many other teams across Alphabet who deploy our cutting edge technology into products.

Open Culture

We believe that openly disseminating research is critical to a healthy exchange of ideas, leading to rapid progress in the field. As such, we publish our research regularly at top academic conferences and release our

Papers Accepted to NIPS, 2017

- A Meta-Learning Perspective on Cold-Start Recommendations for Items
- AdaGAN: Boosting Generative Models
- Affine-Invariant Online Optimization
- Approximation and Convergence Properties of Generative Adversarial Learning
- Attention is All You Need
- Avoiding discrimination through causal reasoning
- Bridging the Gap Between Value and Policy Based RL
- Dynamic Routing between Capsules
- Filtering Variational Objectives
- Interpolated Policy Gradient: Merging On-Policy and Off-Policy Gradient Estimation for Deep Reinforcement Learning
- Investigating the learning dynamics of deep neural networks using random matrix theory

图 1.1　Google Brain 团队概要

出处 Google Brain Team

URL https://research.google.com/teams/brain/

Google Brain是由MapReduce（参考MEMO）与Bigtable（参考MEMO）的创始人Jeff Dean等于2011年创立的Google内部大规模机器学习研究项目。其成果包括Google搜索排名、Google照片的图像分类及语音识别等，从2012年开始在商业服务中正式得到实际应用。

在上述背景下，TensorFlow在2015年11月被公开的时候，因为“Google公司内部产品也在使用的程序库”的宣传，成为了热门话题。

MEMO

MapReduce

MapReduce 是 Google 提出的分布式处理编程模型，该模型通过将数据处理分为 Map 处理和 Reduce 处理两个步骤，使分散处理变得更加容易。著名的 Hadoop 也采用了 MapReduce 的编程模型。

MEMO

Bigtable

Bigtable 是 Google 公司内部使用的高性能分布式数据存储系统，并于 2015 年实现了云服务——Google Cloud Bigtable 的启用。

1.1.2 深度学习是什么

深度学习是将模仿人类大脑神经元的神经网络重叠，从而进行大规模机器学习的一种方法。

在2012年的 ILSVRC（ImageNet Large Scale Visual Recognition Challenge）图像识别竞赛中，采用深度学习方法的 Alex Krizhevsky团队以压倒性优势获得胜利。同年，“Google通过深度学习，在没有教师数据的情况下自主学习了‘猫’的概念”这一话题想必仍令很多人记忆犹新。深度学习本身是由Hinton等在2006年提出的方法，2012 年所产生的成果均与现在的深度学习和人工智能热潮有着密不可分的联系。

- Using large-scale brain simulations for machine learning and A.I.

  URL https://googleblog.blogspot.jp/2012/06/using-large-scale-brain-simulations-for.html

1.2 用深度学习能做什么

如日中天的深度学习具体能做些什么呢？在开始介绍TensorFlow前，我们先看一下深度学习在各领域中的具体应用。

1.2.1 图像处理

图像分类

2012年在ILSVRC上受到关注的是基于深度学习的图像分类。图1.2所示为一个图像分类实例。图像分类是指对图像中的物体作出判断的过程。例如，“这张照片中的数字是0~9中的哪一个”“这张肖像照中是男性还是女性”等诸如此类的判断。

ILSVRC按照flamingo（火烈鸟）和gondola（缆车）等1000个级别进行分类，其精准度极具竞争力。

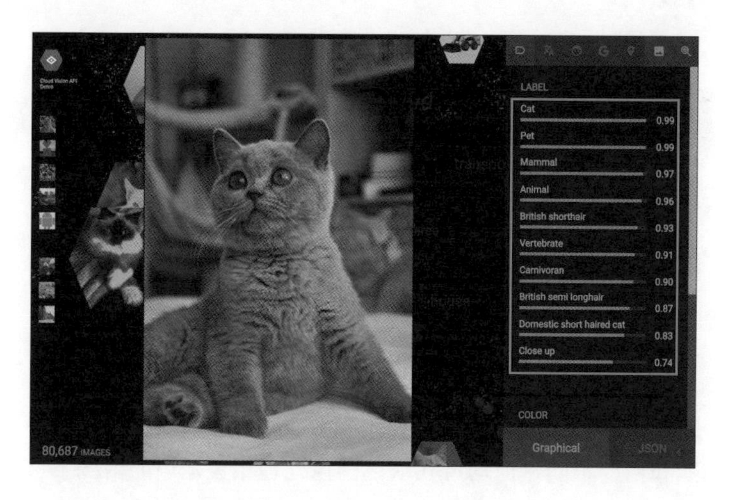

图 1.2 图像分类实例（猫的照片上添加有 Cat 和 Pet 的标签）

出处 Google Cloud Platform Japan Blog

URL https://cloudplatform-jp.googleblog.com/2016/05/cloud-vision-api.html

图像分类也就是常说的“监督学习”（也称为有教师学习）（参考MEMO），一般需要事先准备大量的图像和正确的数据。ILSVRC 中就使用了大约 1000 万张图像。

图像的收集主要依靠网页搜索，多为半自动方式。而正确的数据只能靠人工标注，十分费力。因此，关于“如何用极少量的数据进行学习”的研究十分活跃，迁移学习（参考MEMO）及进一步发展的one-shot learning（参考MEMO）方法得到了提倡。本书也将在第6章中对迁移学习进行介绍。

MEMO

监督学习

监督学习是以事先给出的正确答案数据为基础的学习方法，存在标签分类推定问题和连续值回归推定问题等。

MEMO

迁移学习

迁移学习是一种构建模型的方法，使问题能够逐个得到解决。

MEMO

one-shot learning

one-shot learning是单样本学习，它是一种只使用一个或少数样本的学习方法。

此外，各种云服务所提供的图像分类及API也是其特征之一。虽然功能和精度不同，但均可在缺乏图像处理相关知识的情况下进行。根据云服务的不同，上传图像和进行几次点击便可构建原始模板，因此，在构建自己专用的深度学习模型前不妨一试。各种云服务的图像处理API见表1.1。

表1.1 各种云服务的图像处理API

云服务	图像处理API	URL
Google Cloud Platform	Cloud Vision API	https://cloud.google.com/vision/
Microsoft Azure	Computer Vision API	https://azure.microsoft.com/ja-jp/services/cognitive-services/computer-vision/
Amazon AWS	Amazon Rekognition	https://aws.amazon.com/jp/rekognition/
IBM Cloud	Visual Recognition	https://www.ibm.com/watson/jp-ja/developercloud/visual-recognition.html

物体检测

在图像分类中，原则上一张图像中有一个物体，即可检测出“那是什么”，但一张图像中有一个以上的多个物体，并需要检测“‘什么’在‘哪里’”时，就是初级的“物体检测”，如图1.3所示。

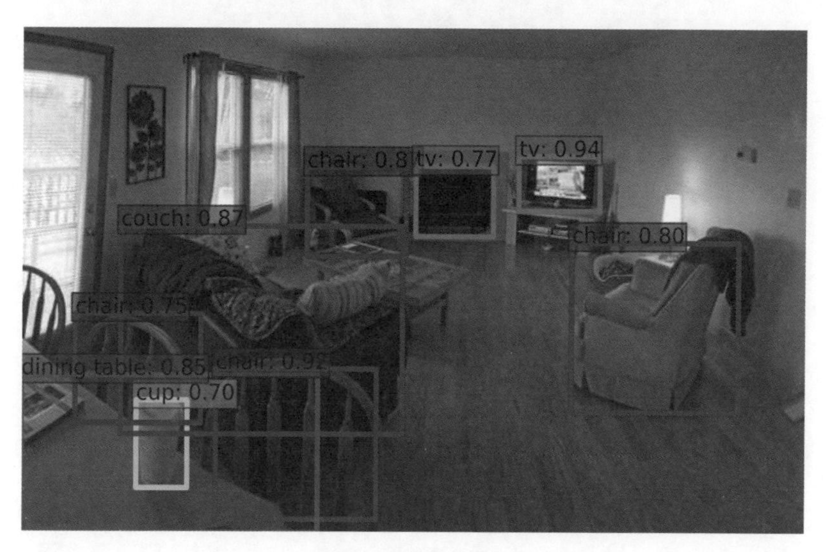

图1.3 物体检测实例

出处 *SSD: Single Shot MultiBox Detector*（Wei Liu, Dragomir Anguelov, Dumitru Erhan, Christian Szegedy, Scott Reed, Cheng-Yang Fu, Alexander C. Berg, 2016）， Figure. 5

URL https://arxiv.org/pdf/1512.02325.pdf

关于物体检测，各种云服务也公开了API。另外，该领域的研究成果Tensorflow Object Detection API（见图1.4）也开始投入使用，用户只要准备好数据便可轻松体验物体检测。

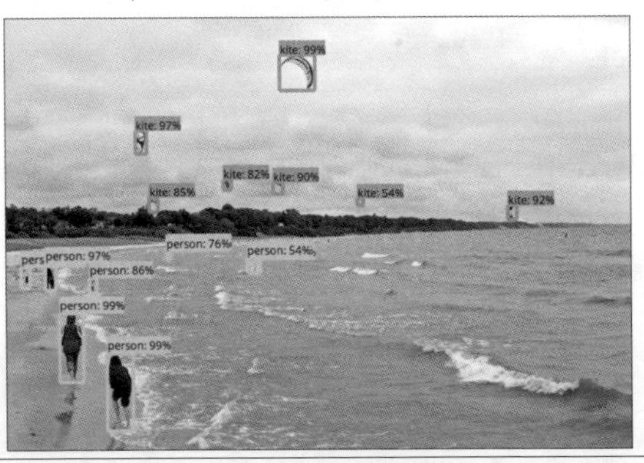

图 1.4　有关 Tensorflow Object Detection API 的信息

出处 Tensorflow Object Detection API

URL https://github.com/tensorflow/models/tree/master/research/object_detection

分割

与物体检测类似，但不是围绕物体的矩形区域，而是以像素为单位进行推测，即为“分割”。如图1.5所示，由于这3张图像可解释为“按照对象进行划分”，故又可称为“细分”。

说到像素单位，很多人都会有“通过预测矩形块的信息进行物体检测的高级技术”这样的固有观念，然而实际上未必如此。例如，当计算物体数量时，分割将无法区分重叠的物体，因此计算的结果未必精准。在这种情况下，必须选择合适的方法加以解决。

图 1.5　分割的实例

出处 COCO 2017 Detection Challenge
URL http://cocodataset.org/#detections-challenge2017

图像变换·画风转换

在对颜色细微差异的研究过程中，“将一张图像的风格变换成另一种风格”的技术也在研究的范围内。例如画风转换，这种将风景照片转换为具有画家风格的技术就是其中之一，如图1.6所示。

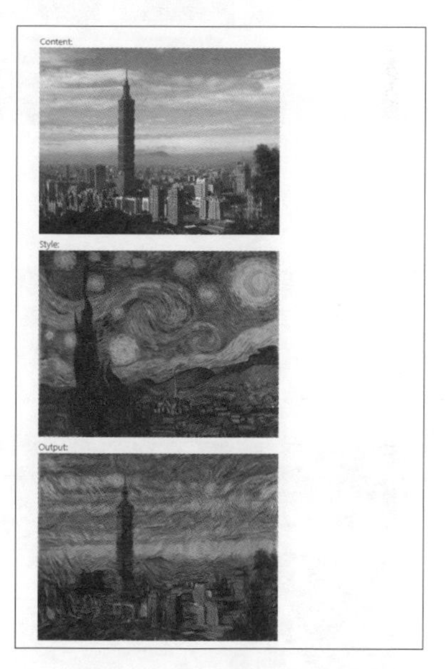

图 1.6　梵高的绘画与画风转换

出处 *NeuralArt*（Mark Chang，2016）
URL https://github.com/ckmarkoh/neuralart_tensorflow

画风转换是在论文*A Neural Algorithm of Artistic Style*中提出的，其算法处理示意图如图1.7所示。最初转换一张图像的算法相当繁冗耗时，但是在2016年能够高速转换的方法被提出。在第11章，我们将学习这些算法。目前，对于画风转换以外的图像变换方法也进行了各种各样的研究。最近，使用一种名为pix2pix的算法可以从线条画中生成照片，如图1.8所示；或者使用名为Cycle GAN的算法由夏天的景色生成冬天的景色，如图1.9所示。日新月异的技术革新和飞速提高的精确度使该领域备受关注。

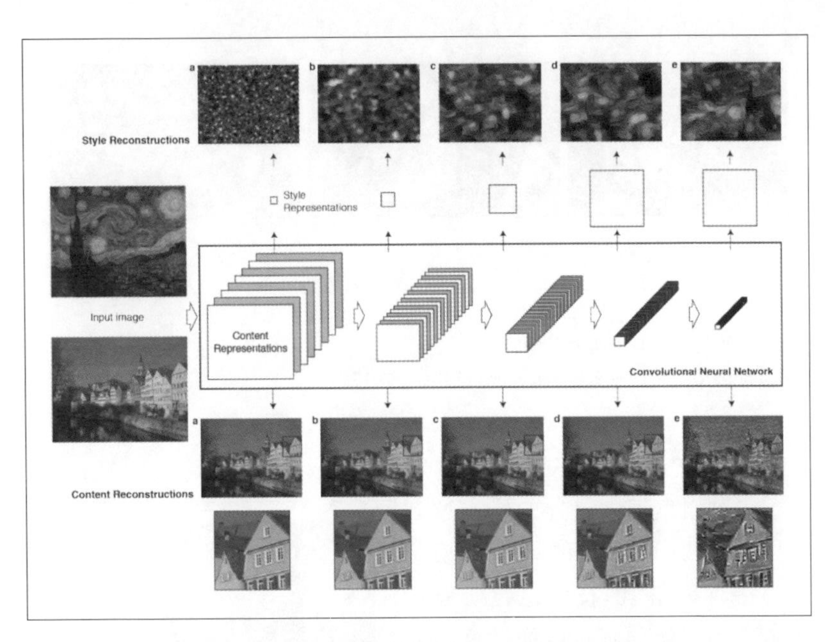

图 1.7　艺术风格化的神经网络算法处理示意图

出处　*A Neural Algorithm of Artistic Style*（Leon A. Gatys, Alexander S. Ecker, Matthias Bethge, 2015），Figure. 1

URL　https://arxiv.org/pdf/1508.06576.pdf

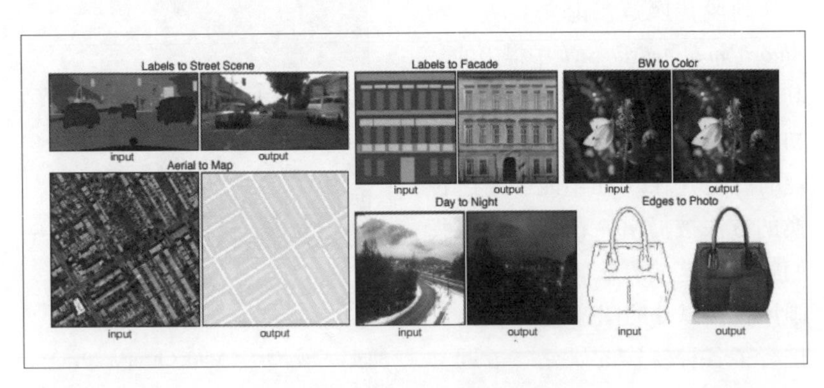

图 1.8　pix2pix 的实例

出处　*Image-to-Image Translation with Conditional Adversarial Networks*（Phillip Isola, Jun-Yan Zhu, Tinghui Zhou, Alexei A. Efros, 2016），Figure. 1

URL　https://arxiv.org/pdf/1611.07004v1.pdf

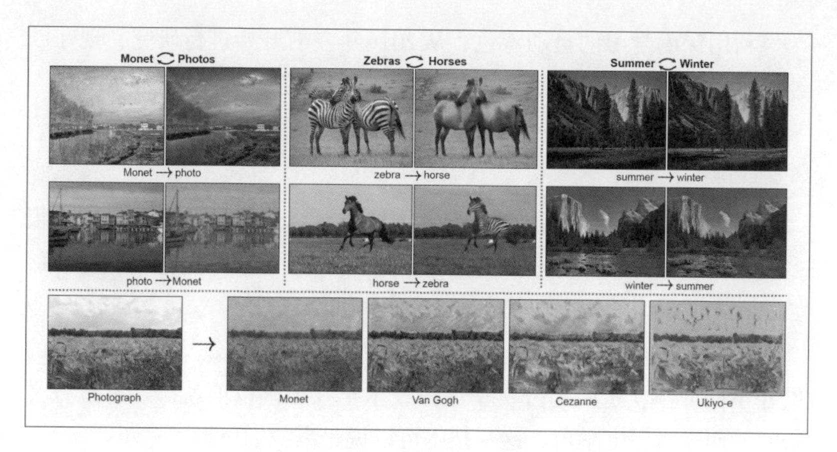

图 1.9 Cycle GAN 的实例

出处 *Unpaired Image-to-Image Translation using Cycle-Consistent Adversarial Networks*（Jun-Yan Zhu, Taesung Park, Phillip Isola, Alexei A. Efros, 2017），Figure. 1

URL https://arxiv.org/pdf/1703.10593.pdf

如图 1.10 所示，自动着色用于自动为黑白照片着色，也是一种图像转换。因为很多老照片和老电影都是黑白的，在那个时代就有为之上色的需求，为此还出现了彩绘师这个职业。直到 2013 年，彩绘师还一直延续着使用油画工具为黑白照片添色的方法。2016 年前后，利用深度学习方法的自动着色功能开始崭露头角。

图 1.10 为黑白照片自动着色（本书为黑白显示，请在以下 URL 查看实际图像）

出处 *Let there be Color!: Joint End-to-end Learning of Global and Local Image Priors for Automatic Image Colorization with Simultaneous Classification*（Satoshi Lizuka, Edgar Simo-Serra, Hiroshi Ishikawa, Waseda University, 2016），Figure. 1

URL http://hi.cs.waseda.ac.jp/~iizuka/projects/colorization/data/colorization_sig2016.pdf

利用深度学习的自动着色，从2016年左右开始进行研究，现在已经应用于一些企业的实际服务中。关于自动着色，将在第9章介绍。

超分辨率成像

将低分辨率图像生成高分辨率图像也可以通过深度学习实现。很多人也许还记得，2015年，一种名为waifu2x的网页服务曾经引起热议，如图1.11所示为简体中文状态下显示的页面。

超分辨率成像也是图像变换的一种，其特征为输入与输出图像的尺寸不同。事实上，超分辨率成像技术早在很久以前就已经有过各类研究，而通过深度学习，这一技术可以说是离我们更近了一步。

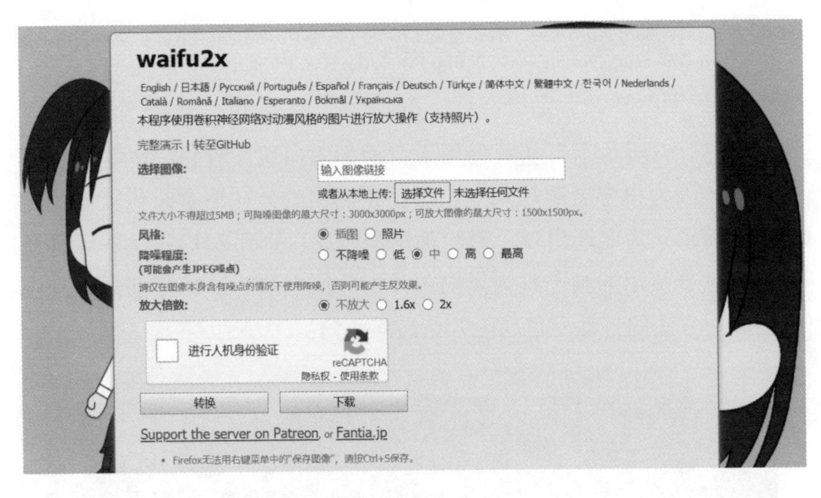

图1.11 waifu2x

出处 waifu2x

URL http://waifu2x.udp.jp/

超分辨率成像技术也拥有众多方法手段，第10章将对一些基本方法进行介绍。

图像生成

在画风转换和超分辨率成像中，虽然所输入的数据是图像，但通过随机数值及文本等图像以外的数据而生成图像的技术也在持续研究中。

如图1.12所示为运用一种被称为GAN（参考MEMO）的方法生成的卧室图像。乍一看就像真实拍摄的照片，但仔细观察，却有各种各样的矛盾之处，最终认定为非真实拍摄的图像。

图 1.12 使用 DCGAN（参考MEMO）生成的卧室

出处 *Unsupervised Representation Learning with Deep Convolutional Generative Adversarial Networks*（Alec Radford, Luke Metz, Soumith Chintala, 2015），Figure. 3

URL https://arxiv.org/pdf/1511.06434.pdf

 **MEMO**

GAN

GAN是Generative Adversarial Network（生成式对抗网络）的简称。它是一种学习训练数据并生成与该训练数据相似的新数据的"生成模型"。它是由Ian Goodfellow提出的，Yann LeCun称之为机器学习领域近10年来最有趣的创意。

现在已经发布了许多改进方法，可以生成更逼真的图像。此外，"从线条画生成照片的算法"和"从夏季景色生成冬季景色的算法"也是GAN的一种发展方法，在画风转换部分中已经介绍了这两种方法。在文本和时间序列数据的生成中利用GAN的研究也在进行中，这是一种不仅在图像生成中，而且在各种任务中也有可能被利用的技术。

MEMO

DCGAN

DCGAN是Deep Convolutional Generative Adversarial Networks（深度卷积生成式对抗网络）的简称，是指在GAN中特别运用了多段式卷积网络。使用DCGAN，可以使生成高分辨率的图像成为可能。

1.2.2 自然语言处理

文档分类

文档分类是一项用于估计"此文档属于哪个类别"的任务，最著名的应用是自动垃圾邮件识别。

由于文档分类是下面描述的各种任务的基础任务，因此它被用于自然语言处理的各种算法中。例如，在对话系统中，需要提取用户输入句子的"意图"（Intent），其中使用的技术实际上也是文档分类；Google的Smart Reply（见图1.13）中"是否作为Smart Reply的对象"也使用了文档分类技术。

图1.13 Smart Reply

出处 *Save time with Smart Reply in Gmail*

URL https://blog.google/products/gmail/save-time-with-smart-reply-in-gmail/

对话文生成

就像可以生成图片一样，文章的生成技术也在进步。特别是在2015年的论文*A Neural Conversational Model*（见图1.14）中提出，利用电影的字幕数据和IT服务台的互动数据，可以生成自然的对话文，这引起了人们的注意。

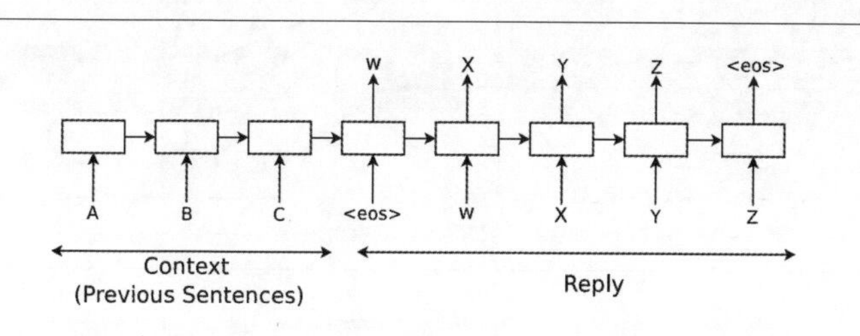

Figure.1.Using the *seq2seq* framework for modeling conversations.

图 1.14　A Neural Conversational Model

在这个例子中，根据输入句子“ABC”生成“WXYZ”

出处　*A Neural Conversational Model*（Oriol Vinyals, Quoc Le, 2015），Figure. 1

URL　https://arxiv.org/pdf/1506.05869.pdf

机器翻译

机器翻译的历史由来已久，早在20世纪50年代第一次AI热潮时，它就已经成为备受瞩目的研究领域。当时的机器翻译是以规则语法为基础，后来又利用统计学的方法，如今则开始使用深度学习的方法来实现。

2016年11月进行的Google翻译更新中，英日翻译的准确率得到了极大的改善，成为了话题。在这次更新中，翻译算法被一种基于深度学习的技术（Google’s Neural Machine Translation，GNMT）所取代（见图1.15）。GNMT的详细信息已被公开，其基本信息与对话文生成中使用的信息相同。

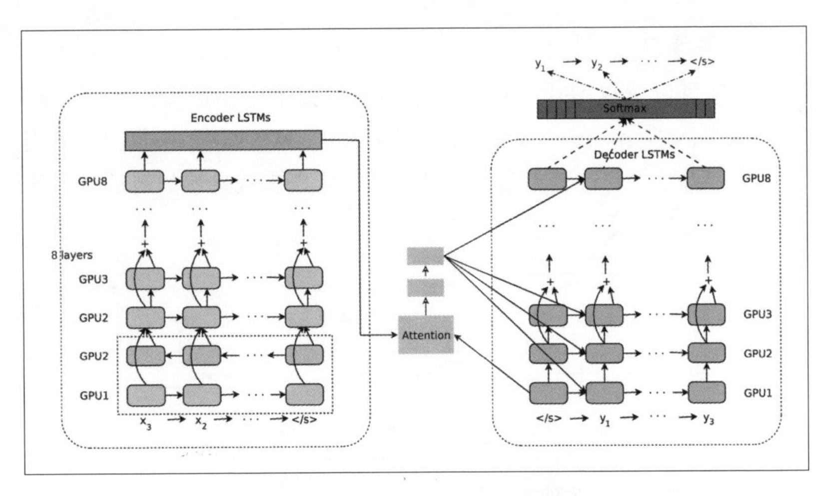

图 1.15　GNMT 算法处理示意图

出处 *Google's Neural Machine Translation System: Bridging the Gap between Human and Machine Translation*（Yonghui Wu, Mike Schuster, Zhifeng Chen, Quoc V. Le, Mohammad Norouzi, Wolfgang Macherey, Maxim Krikun, Yuan Cao, Qin Gao, Klaus Macherey, Jeff Klingner, Apurva Shah, Melvin Johnson, Xiaobing Liu, Łukasz Kaiser, Stephan Gouws, Yoshikiyo Kato, Taku Kudo, Hideto Kazawa, Keith Stevens, George Kurian, Nishant Patil, Wei Wang, Cliff Young, Jason Smith, Jason Riesa, Alex Rudnick, Oriol Vinyals, Greg Corrado, Macduff Hughes, Jeffrey Dean, 2016），Figure. 1

URL https://arxiv.org/pdf/1609.08144.pdf

◎ 文档摘要

文档摘要也是自然语言处理的主要领域之一，但用一句话概括文档摘要比较困难，因为其中涉及各种各样的技术。例如，我们将缩短一篇长文章的技术称为“单一文档摘要”，但在有大量短文章（如Twitter）的情况下，则需要“多文档摘要”技术提取代表它们文章（或推文）的主题。

关于从原来的文章中提取重要句子和单词的“提取法”已经有了很多研究，但是使用不一定包含在文章中的单词来生成句子的“生成法”也备受关注。

2016年，Google Brain团队推出了一种“从新闻开头文生成好标题”的算法。通过这种算法可以从新闻开头的文章中生成标题，从而实现对文章的人性化概括。

● **生成方法示例：可参考附赠资源对应文件夹所示网站中表格的Input Article 1st sentence，**

参照Model-written headline表格。

URL https://research.googleblog.com/2016/08/text-summarization-with-tensorflow.html

对话系统

从智能音箱Google Home和亚马逊Echo的流行及聊天机器人的发展来看，对话系统最近非常受关注。对话系统有两种：一种是以实现特定目的为目标的“面向任务”的对话系统，如餐馆的推荐；另一种是不具有特定目的的非面向任务的对话系统，如微软的“琳娜”所代表的对话系统，如图1.16所示。

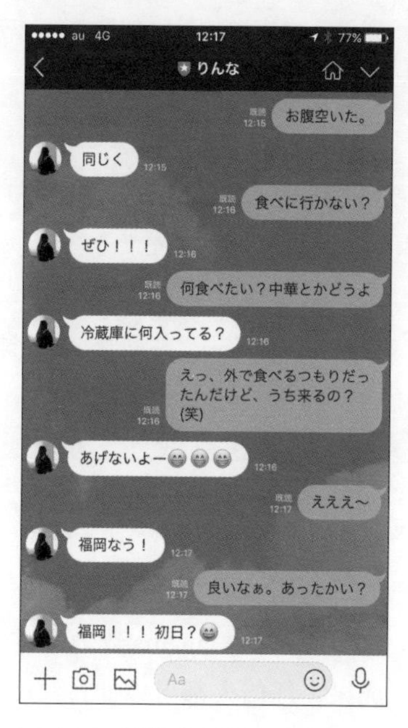

图 1.16　微软的“琳娜”对话系统

URL https://www.rinna.jp/platform/ime

然而，在实际的商业实践中，与使用深度学习的高级方法相比，更容易控制的基于规则的传统方法仍然是主流。要实现一个实用的对话系统，必须将各种要素结合在一起，而只靠单一的深度学习算法不可能实现真正意义上的人性化交互。

1.2.3　语音处理

语音识别

与图像处理、自然语言处理一样，语音识别也是深度学习的主要应用领域。ILSVRC出现的前一年，也就是2011年，有报道称在语音识别技术的一部分中使用了深度学习，其精度超过了现有技术的33%①，引起了人们的注意。深度学习也被用于实际应用中，iPhone和Android终端的语音识别精度的提高就与其有关。

① *Conversational Speech Transcription Using Context-Dependent Deep Neural Networks*（Frank Seide1, Gang Li,1 and Dong Yu2, 2011）

URL https://www.microsoft.com/en-us/research/publication/conversational-speechtranscription-using-context-dependent-deep-neural-networks/

语音合成/音乐生成

2013年以来，语音合成和音乐生成领域也开始使用深度学习。例如，Google Brain团队有一个很有名的Project Magenta项目，如图1.17所示。

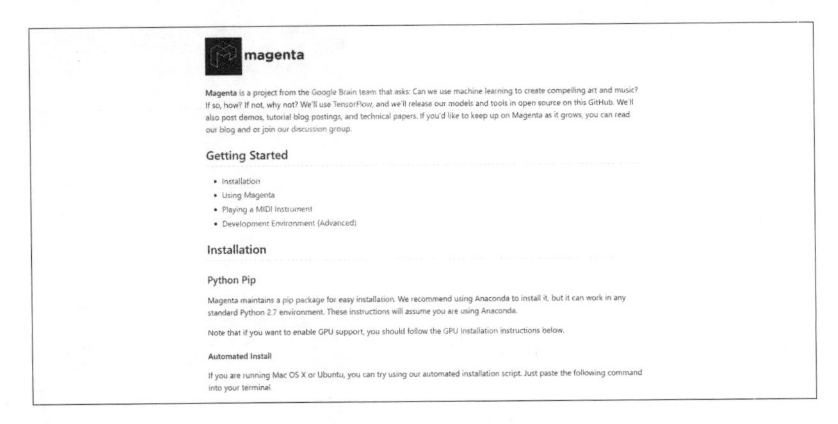

图 1.17　Project Magenta

URL https://github.com/magenta/magenta

Project Magenta致力于将深度学习应用于艺术，通过使用其研究成果，任何人都可以通过深度学习轻松地生成音乐。

例如，使用Project Mangenta的一个产品——Performance RNN（见图1.18），可以从单纯的MIDI信号中获取包括波动和细微声纹在内的就像专业人士演奏一样的输出。

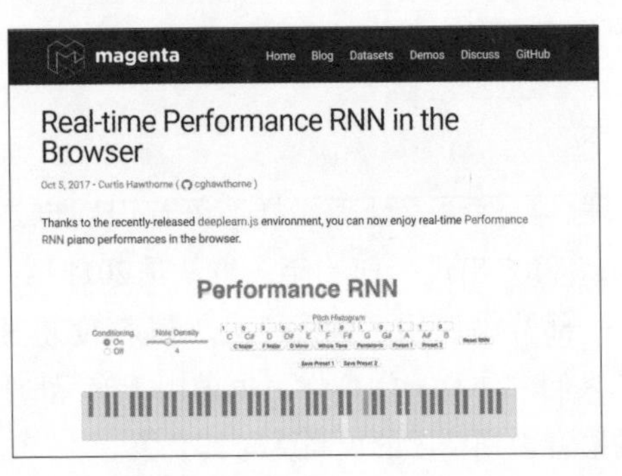

图 1.18　在浏览器中工作的 Performance RNN 的演示

出处 *Real-time Performance RNN in the Browser*

URL https://magenta.tensorflow.org/performance-rnn-browser

Google DeepMind的WaveNet也在2016年开始崭露头角，如图1.19所示。在此之前的音乐生成中，输出的往往是MIDI的乐谱，而WaveNet则能够直接生成波形，实现非常高质量的音乐。

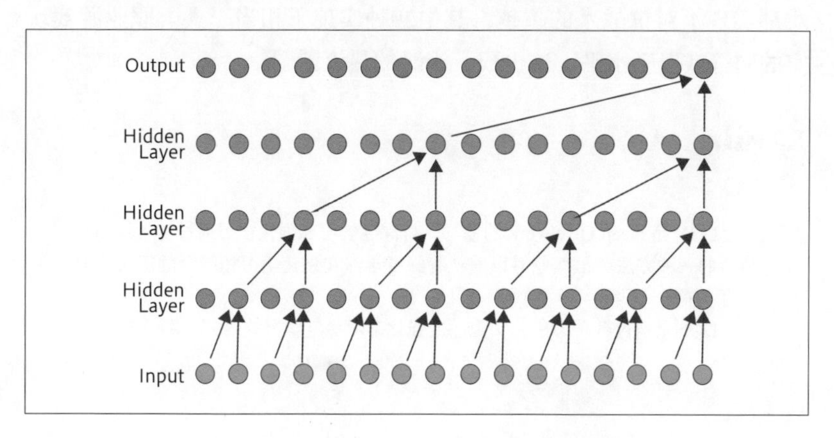

图 1.19　使用 WaveNet 生成音乐的示意图

出处　*WaveNet: A Generative Model for Raw Audio* 原始音频的生成模型
URL　https://deepmind.com/blog/wavenet-generative-model-raw-audio/

语音转换

与普通的语音合成一样，不仅仅从文本中生成语音，只变换音色的语音转换技术也在不断进步。这可以认为是语音转换器的发展范畴。

使用语音转换技术，可以把自己说的内容转换成名人的声音，所以在艺术领域的使用可能会给人留下深刻的印象。除此之外，恢复因事故或疾病而失去的声音等用于医疗上的可能性也同样备受关注。

1.2.4　深度强化学习

将深度学习与强化学习相结合的深度强化学习也是一个很热门的研究领域。

电子游戏

2015年，由Google DeepMind开发的DQN（参考MEMO）、Atari 2600游戏机（参考MEMO）中，在49种游戏分类中，有43种或以上的游戏都实现了对抗战术的超越，其中29种实现了相当于人类职业游戏玩家的同等或以上水平，这也成了当时的热议话题。

MEMO

DQN

DQN 是 Deep QNetwork 的缩写，将深度学习和强化学习通过 Q-Learning 结合的一种方法。虽然业界以前就有深度学习和强化学习相结合的想法，但一直不能稳定学习。

DQN是通过各种方法，实现深度强化学习稳定学习的第一个例子。

MEMO

Atari 2600

Atari 2600是美国Atari公司开发的游戏机。就像家用电脑一样，可以利用内部装有程序的盒式卡带进行游戏。

2016年，在被认为“暂时无法战胜人类”的围棋领域，同样由DeepMind开发的AlphaGo（参考MEMO）力压顶尖棋手李世石。DQN也好，AlphaGo也好，其基础都是深度学习和强化学习相结合的一种称为深度强化学习的方法。

MEMO

AlphaGo

AlphaGo是DeepMind开发的计算机围棋程序。它有不同的版本，与李世石对战的是AlphaGo Lee；之后在网络上与职业棋手对战取得60连胜的是AlphaGo Master；完全没有学习人类棋谱，仅用3天的学习就战胜了AlphaGo Lee/Master的是AlphaGo Zero。作为派生，也有AlphaGo Zero的升级版，同时能对应象棋和国际象棋的Alpha Zero。

系统控制

深度强化学习在游戏领域以外也有应用。2015年，日本独角兽公司Preferred Networks发布了一个演示：使用深度强化学习，让汽车机器人从零开始学习自动避开障碍物的动作。此外，在2016年发表的DeepMind论文*Deep Reinforcement Learning for Robotic Manipulation with Asynchronous Off-Policy Updates*中，演示了如何让机械臂自动学习如何开门。

1.2.5 其他

除了前面提到的内容以外，其他利用深度学习的研究也很盛行。

时间序列数据的预测和分类

深度学习不仅可以应用于自然语言和语音数据，还可以应用于各种时间序列数据。例如股价，由于过去的数据及分析评价都能够轻松获取，因此针对股价的预测研究正在进行中。另外，根据佩戴在身上的陀螺仪传感器的数据，诸如“走路”“上楼梯”等动作的行动推断也在研究中。

异常检测

深度学习同样可应用于异常检测。异常检测是指检测出与其他数据行为不同的数据的技术，常用于信用卡的不正当使用检测、系统故障检测、不良品检测等。异常检测本身是在深度学习普及之前就已经使用的技术，但是随着深度学习的发展，对提高精度及扩大对象数据的期望也日益加深。在日本，kewpie公司为了从婴儿食品所使用的土豆中找出不良品，就利用了深度学习技术）[①]。

① https://cloud-ja.googleblog.com/2017/06/google-ai.html

1.3 TensorFlow 的特征

正如前面介绍的，深度学习在各个领域的研究都在积极地推进。而TensorFlow是深度学习研究中使用最多的程序库之一。在进入具体的使用方法学习前，本节先来了解它的框架特征。

1.3.1 有向无环图

TensorFlow的第一个特征是基于有向无环图（Directed Acyclic Graph，DAG）的处理系统。TensorFlow的Tensor称为“张量”，是数学中向量和矩阵的一般化概念。由于张量之间的算术运算（加法和乘法）的结果也是张量，因此，复杂的算术运算可以用箭头连接的无环网络（有向非循环图）来表示（见图1.20）。这种网络也被称为计算图或数据流图。 通常，TensorFlow只在Python中定义图表。在图表定义完成后，通过一次集中执行复杂的处理，即可以实现快速计算（见图1.21）。

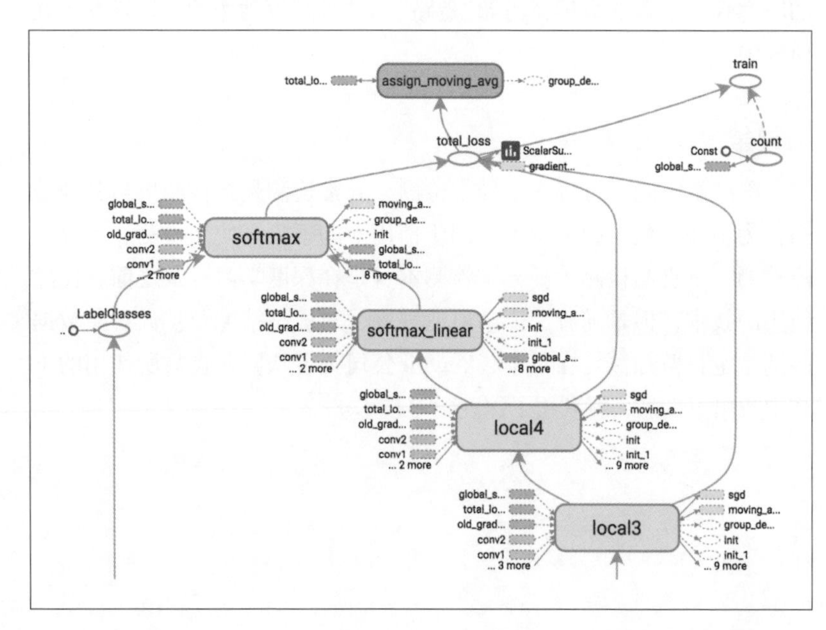

图 1.20　数据流图示例

出处 *TensorFlow:Large-Scale Machine Learning on Heterogeneous Distributed Systems*（Martin Abadi, Ashish Agarwal, Paul Barham, Eugene Brevdo, Zhifeng Chen, Craig Citro,Greg S. Corrado, Andy Davis, Jeffrey Dean, Matthieu Devin, Sanjay Ghemawat, Ian Goodfellow,Andrew Harp, Geoffrey Irving, Michael Isard, Yangqing Jia, Rafal Jozefowicz, Lukasz Kaiser, Manjunath Kudlur, Josh Levenberg, Dan Mané, Rajat Monga, Sherry Moore, Derek Murray, Chris Olah, Mike Schuster, Jonathon Shlens, Benoit Steiner, Ilya Sutskever, Kunal Talwar, Paul Tucker, Vincent Vanhoucke, Vijay Vasudevan, Fernanda Viégas, Oriol Vinyals, Pete Warden, Martin Wattenberg, Martin Wicke, Yuan Yu, and Xiaoqiang Zheng, 2015），Figure. 10

URL https://static.googleusercontent.com/media/research.google.com/en//pubs/archive/45166.pdf

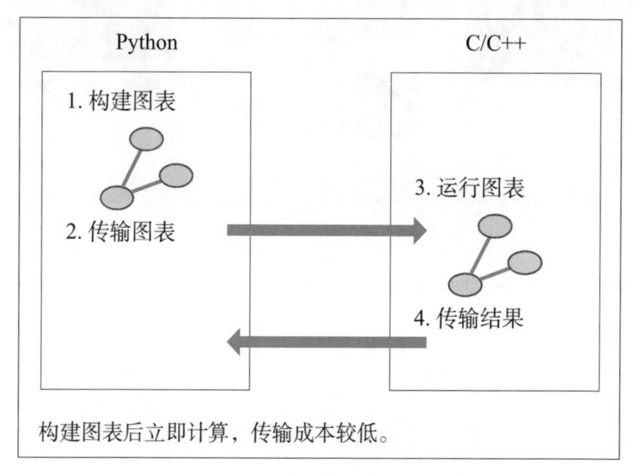

图 1.21　定义图表并快速运行图表

1.3.2　多种环境下运行

TensorFlow可以在各种环境下运行。基本上，CPU和GPU都可以运行相同的代码。还可以将使用Python构建的图表保存，并在其他语言中将其唤醒。通过利用这个功能，可以实现在iPhone和Android终端上运行。

最近，一个名为TensorFlow Lite的项目引起了人们的注意。在深度学习中，模型本身很容易达到几百兆字节，但使用TensorFlow Lite可以压缩巨大的模型，并可以在iPhone和Android终端上使用。

Google还发布了一个名为deeplearn.js的库，而不是TensorFlow本身（见图1.22）。由于deeplearn.js能够在浏览器的JavaScript中快速运行TensorFlow模型，因此它在演示等应用场景中非常受欢迎。

另外，还有一个名为TensorFlow Serving的项目，它可以轻松地将构建的模型作为API提供。

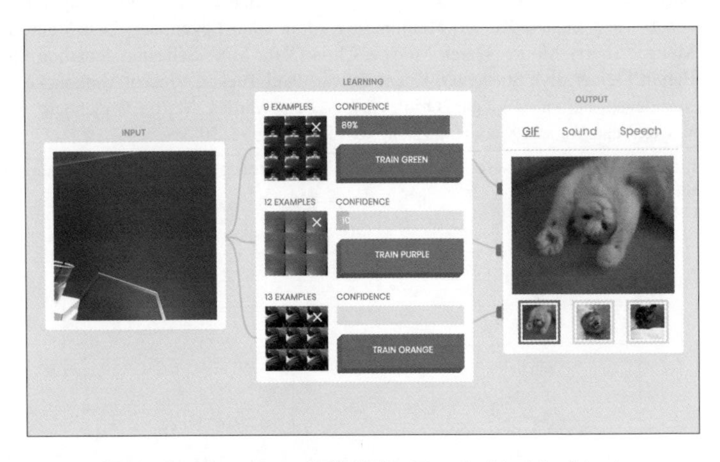

图 1.22　deeplearn.js 的样本（Teachable Machine）

URL https://teachablemachine.withgoogle.com/

1.3.3　分布式处理

TensorFlow可进行分布式处理。从相关文本学对TensorFlow分布式处理工作原理的重点介绍可以看出，TensorFlow的主要优势是分布式处理。

因为深度学习的计算量非常大，所以在很多情况下需要进行分布式处理。通常，使用分布式处理需要非常高的技术水平，但使用TensorFlow可以在一定程度上简化分布式处理的描述。

1.3.4　TensorBoard可视化

TensorBoard可视化也是TensorFlow的一个重要特性。

人们常说深度学习是一个“黑匣子”，但正因为其表现力强，才会“很难知道里面发生了什么”。TensorFlow附带的一个名为TensorBoard（张量板）的工具（见图1.23）提供了“帮助您了解正在发生的事情”的功能，包括学习时函数损失的过程、中间层的情况，以及通过嵌入提取的特征值进行可视化。可视化结果可以帮助我们调试和了解构建的模型。

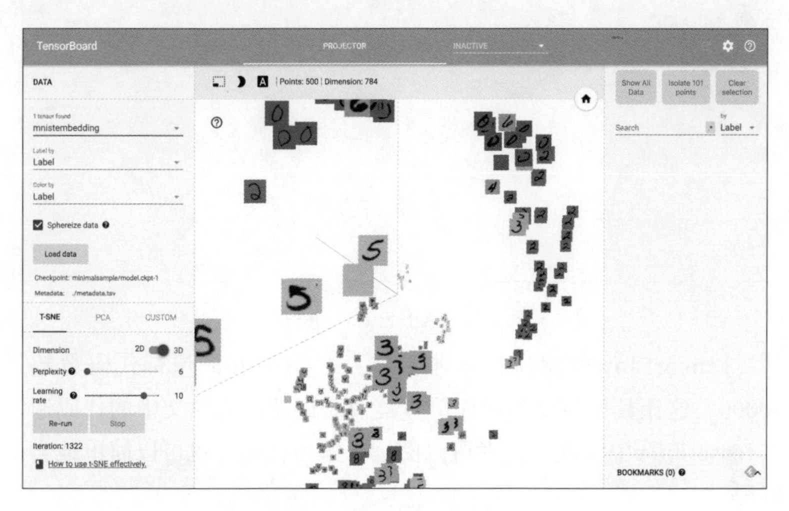

图 1.23　TensorBoard 的嵌入可视化

1.3.5　不同级别的API及其生态系统

TensorFlow 涵盖了从低级 API 到高级 API 的广泛范围，并可对这些API进行精密控制。

在2015年发布之初，它的版本是TensorFlow 0.6，只能使用非常低级的TensorFlow Core API，但在本书撰写时，在Core API的基础上还提供了Layers、Keras和Estimator等高级API。

在Estimator中，Pre-made Estimator是一种基本的网络结构，允许通过设置参数立即开始学习；即使不知道任何复杂的算法也可以使用它，大大降低了TensorFlow的入门门槛。对于Pre-made Estimator无法处理的网络，可以使用Layer或Keras构建模型，就像将乐高积木组合在一起一样。在本书中，也可以使用Keras构建不同的网络。

此外，谷歌云机器学习引擎（ML Engine）于2017年3月发布（见图1.24）。利用ML Engine可以在不准备基础设施的情况下，利用CPU和GPU进行分布式学习，也可以直接将构建的模型用作API。

图 1.24　ML Engine 的画面

TensorFlow的交流社区非常庞大。GitHub的星标代码数超过90000，这让其他深度学习库望尘莫及。最新研究论文中的代码通常在TensorFlow中实现，读者可以阅读、学习代码，也可以简单地尝试编程。

1.4 什么是Keras

Keras是一种非常易于使用的高级API。与TensorFlow有所不同，它最初是一个独立的项目，现已经转变为数据库。Keras共有两个版本，其中一个与TensorFlow集成，另一个与TensorFlow保持独立。本节将对Keras进行简要介绍。

Keras是以Fran Enterprois Chollet为中心开发的深度学习数据库，同时也是API的规范。

Keras的两种安装方式

Keras有两种安装方式，一种是集成到TensorFlow中，另一种是独立于TensorFlow的软件包，支持Theano（参考MEMO）和CNTK（参考MEMO）。

MEMO

Theano

Theano是Python的数值计算库之一。它是由深度学习泰斗——Bengio教授的研究室研发的，具有自动微分等便于深度学习的功能。Theano的研发于2017年9月正式结束。

MEMO

CNTK

CNTK是微软开发的深度学习程序库。CNTK原本是Computational Network Toolkit的简称，它现在的名称是Microsoft Cognitive Toolkit。

Keras最初是作为独立于TensorFlow的库被开发的，开发初期曾经用作深度学习库Theano的轻型包装库。但在引入TensorFlow后，选择Theano和TensorFlow作为后端成为可能。在2017年2月举办的“TensorFlow Dev Summit 2017”上，宣布与TensorFlow集成。虽说是集成但并不意味着被TensorFlow彻底吸收。通过重新定义“Keras是一个

API规范”，实现变成了两个系统，一个与TensorFlow集成，一个和以前一样有多个可以选择的后端。

虽然两者的安装方式有所不同，但它们的API规范是一致的，因此使用时并不需要考虑如何选择。

简单的模块化配置

简单的模块化配置也是Keras的特色之一。我们把构建深度学习的网络上常用的部分用合适的粒度进行模块化，就像搭配乐高积木的感觉，用以构建深度学习的模型。

构建的模型还可以通过类似于scikit-learn（参考MEMO）的界面进行训练和评估。这样，代码具有很强的可读性。实际上，在笔者所在的公司，从2015年春天就开始使用Keras了；如今，除了复杂的网络以外，其他基本都是使用Keras来实现的。

MEMO

scikit-learn

scikit-learn是Python的机器学习库。在除深度学习以外的人工智能及数据分析中，几乎都建立了标准规范。

1.5 深度学习库的发展趋势

本节我们来了解一下TensorFlow和Keras以外的深度学习库和其发展趋势

1.5.1 Define and Run和Define by Run

在描述深度学习库的发展趋势时，不可忽略的概念是Define and Run和Define by Run。Define and Run是指先定义一个计算图，然后再进行总结和处理，就像TensorFlow一样。由于与普通编程语言的范式不同，它的劣势是学习成本略高，但它的优势是高速化更容易。

Define by Run是由Preferred Networks的Chainer（参考MEMO）开发团队首次提出的概念，它不是预先定义计算图，而是同时进行图的定义和处理。由于计算图可以根据处理结果动态变化，因此它具有简易实现和在调试时更容易识别错误的优点。

直到2016年左右，从高速化的角度来看，Define and Run一直是主流，但从2017年左右开始，除Chainer外的Define by Run类型的库陆续出现。TensorFlow最初也是一个Define and Run库，但通过使用1.5中引入的Eager Execution，可以通过Define by Run来描述（见表1.2）。

MEMO

Chainer

Chainer是由Preferred Networks开发的开源深度学习库，在日本很受欢迎。Chainer采用的Define by Run对后续的程序库产生了强烈的影响。其特点在于Flexible（灵活性）、Intuitive（直观）和Powerful（高性能）这3个方面。

表1.2　Define by Run的程序库

程序库	概　要
Chainer	• 日本开发的库，倡导Define by Run • 开发活动非常活跃，在日本有很多用户 • ChainerMN还支持分布式处理 • 日本微软也提供帮助
PyTorch	• 最初是Chainer的分支，现在由自主开发的程序库代替 • 主要由Facebook开发 • 易用性备受好评，公开不到一年就一跃成为很有人气的库
Gluon	• AWS支持的MXNet包装器库 • 最初使用Define and Run的MXNet实现Define by Run

1.5.2　在库之间共享模型

以前，用TensorFlow实现的模型只能用于TensorFlow，用Chainer实现的模型只能在Chainer上使用。现在，机器学习和深度学习领域开始有不少新需求，如“好不容易训练好的模型参数，想把它用在别的库中”这种想法该如何实现呢？因此从2017年左右，着眼于“如何共享模型”这个观点的库和规范就出现了。例如，可以使用ONNX（Open Neural Network Exchange）（参考MEMO）导入Apache MXNet（参考MEMO），将其转换为PyTorch或Chainer模型。

MEMO

ONNX

ONNX表示深层训练模型的通用格式，用以实现Apache MXNet、Caffe2、CNTK和PyTorch等深度学习库之间的相互操作。

MEMO

Apache MXNet

Apache MXNet是一款非常快速、灵活的深度学习库，是以Pedro Domingos等为中心进行开发的。Amazon已正式宣布支持，并从2017年1月开始加入Apache Incubator，成为其成员。

1.5.3 深度学习的生态系统

从2016年左右开始，有关人工智能和深度学习的认知开始在一般企业中普及。到目前为止，关于研究和开发水平的内容很多，"如何在实际服务中与重要的研究灵活运用"的话题也逐渐兴起。

模型本身不同：在实际服务中，需要注意的项目有很多，例如模型的监控和更新、与外部系统的协作等。近年来，云服务商提供了能够解决这方面缺点的服务。例如，在GCP（Google Cloud Platform）中，通过使用名为DataFlow和DataLab的服务及上述ML Engine，从数据积累到预处理、模型构建和服务托管，都可以在云端运行。此外，托管的服务由GCP功能进行监控，并在速度减慢时支持扩展和模型管理。

在2017年公开的Colaboratory（参考MEMO）中，虽然有12小时的限制，但可以利用GPU构建深度学习模型，并可以在GoogleDrive上共享代码。

另外，AWS（Amazon Web Services）（参考MEMO）提供了名为SageMaker的全托管服务。借助SageMaker，可以非常轻松地完成从使用Jupyter Notebook构建模型到学习和托管模型的整个过程。

这样，通过利用云功能，可以着眼于实际服务操作进行深度学习。

MEMO

Colaboratory

Google Colaboratory是一种可用于机器学习教育和研究的工具，无需特殊配置即可使用Jupyter Notebook环境。截至本书写作时，其所有功能都可以免费使用。

MEMO

SageMaker

Amazon SageMaker是AWS的全托管服务，支持机器学习模型的构建、学习和部署。使用Jupyter Notebook构建模型，并通过控制台进行学习。经过训练的模型可以部署到EC2实例集群中。此外，也有A/B测试等便捷实用的功能。

CHAPTER 2

构建开发环境

本章介绍如何构建TensorFlow的开发环境。本书的开发环境是基于Windows操作系统构建的，但也简单介绍了macOS操作系统和Linux操作系统。

2.1 TensorFlow和GPU

有两种类型的TensorFlow：CPU版和GPU版，CPU版与普通程序一样使用CPU进行计算，GPU版允许使用GPU进行快速计算。在安装TensorFlow前，本节我们先了解两者之间的区别。

正如上面所述，TensorFlow CPU版本可以像普通的程序一样在CPU上进行所有的计算，而GPU版本利用GPU（参考MEMO），运算处理的速度是CPU版本的数十倍。

MEMO

GPU

GPU是Graphics Processing Unit的缩写。它原本是一种专门用于实时图像处理的运算装置，但由于在并行计算中具有高于 CPU 的性能，因此也被用于实时图像处理以外的方面，故将其称为GPGPU（General-Purpose Computing on GPU）。许多程序库支持GPGPU，因为它们通常与深度学习兼容。

对于TensorFlow附带的简单示例，CPU版本处理起来自然没有问题，但对于本书后半部分所述的复杂模型，由于计算量非常大，实际上需要GPU版本。

GPU版本与CPU版本相比，深度学习的学习处理速度非常快，因此非常有魅力，但也有“选择环境”的缺点。支持TensorFlow的GPU仅限于NVIDIA（英伟达）（参考MEMO）制造的高性能GPU，在Windows操作系统中，需要Visual Studio才能安装所需的库。

MEMO

NVIDIA

NVIDIA是一家开发图形处理器的制造商，用于处理复杂的计算和图形。它是GPU领域的引领者，提供的产品包括面向一般用途的GeForce系列和面向HPC的Tesla系列。

如果想要正式使用TensorFlow，首先需要准备一个可靠的开发环境。但是，在刚接触的阶段，准备高价的GPU环境可能会有一定的困难。

因此，本章首先介绍如何安装CPU版本。接下来，将简要介绍如何在云端使用GPU版本。通过云端，将不再需要购买昂贵的GPU，降低了初始成本，从而大大降低了导入GPU环境的门槛。笔者周围的人，一般也是先在本地的CPU版上实现，只有在使用大量数据进行训练时，才使用GPU的服务器。

2.2 构建Python环境

TensorFlow和Keras使用Python构建模型，因此需要Python开发环境。下面是Python开发环境之一Anaconda的介绍。

2.2.1 什么是Anaconda

TensorFlow提供了多种语言的API，用于构建和运行图表。虽然也支持C++、Java和Go等语言，但由于Python的API是最完整的，因此一般都是从Python开始使用的。在安装TensorFlow前，我们将构建一个Python环境。此处，我们使用与Windows兼容的名为Anaconda的Python发行版。

Anaconda使用虚拟环境的机制，允许在Python版本和库之间自由切换（见图2.1）。Anaconda允许用户为每个虚拟环境指定Python版本，但这不一定需要与下载Anaconda时指定的版本一致。在Windows操作系统上，TensorFlow支持Python 3.5和Python 3.6，因此可以使用其中一个版本创建虚拟环境，然后在其中安装TensorFlow。

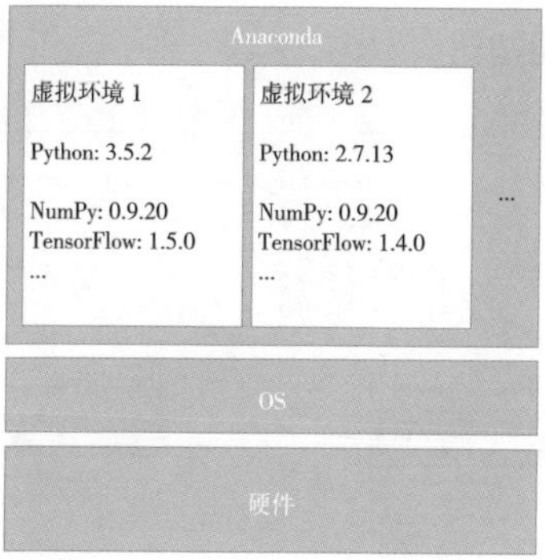

图 2.1 Anaconda 和虚拟环境的关系

通常在macOS或Linux操作系统上使用Python进行开发的人员可能会使用pyenv等环境隔离工具。在这种情况下，你可以利用正在使用的工具，为TensorFlow创建一个环境。另外，本书中省略了对pyenv的说明。

2.2.2 安装Anaconda

本小节将介绍如何安装Anaconda。首先，从如图2.2所述的站点下载Anaconda。

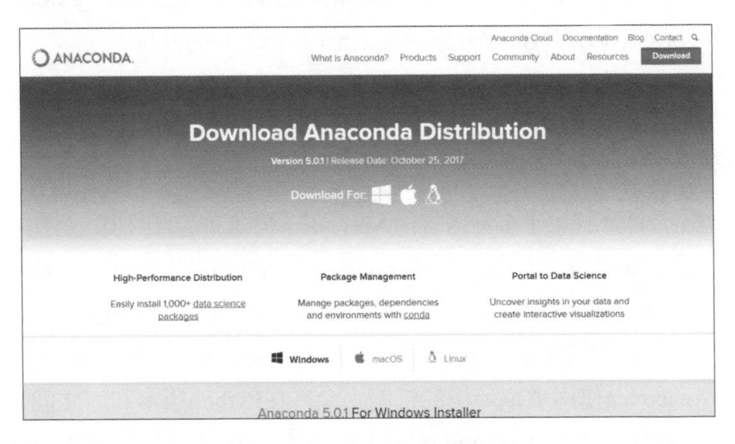

图 2.2 Anaconda 下载页面

URL https://www.anaconda.com/download/

在网站首页向下滚动页面，可以选择并下载所需版本的Python。单击Python 3.6version下的Download按钮（见图2.3）。请注意，不是页面右上角的Download按钮。

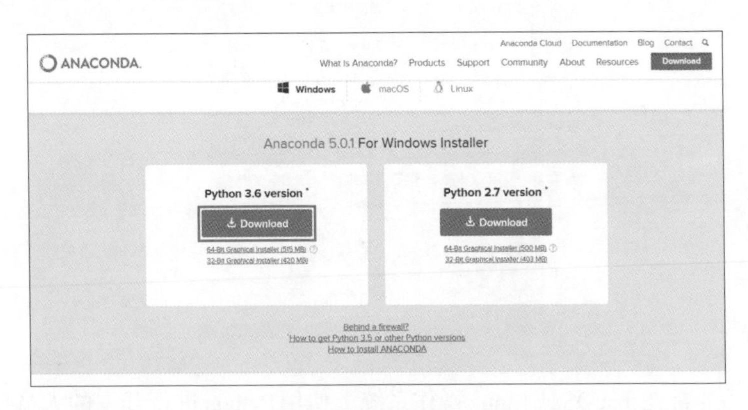

图 2.3 选择版本

运行下载的Anaconda3-5.0.1-Windowsx86_64.exe（参考Attention），然后按照如图2.4~图2.7所示的向导进行安装。

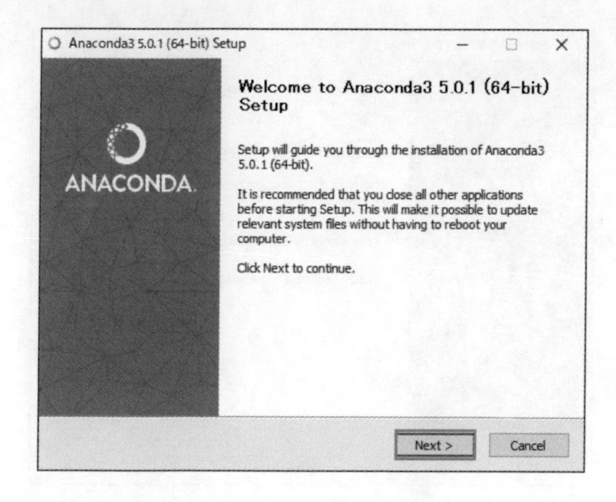

图 2.4　Anaconda 安装向导（1）

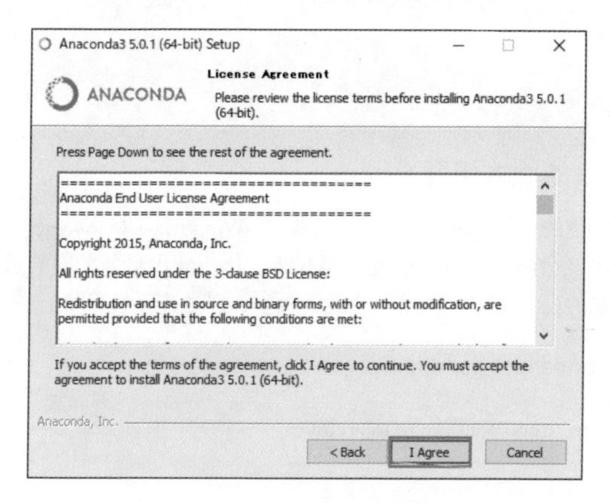

图 2.5　Anaconda 安装向导（2）

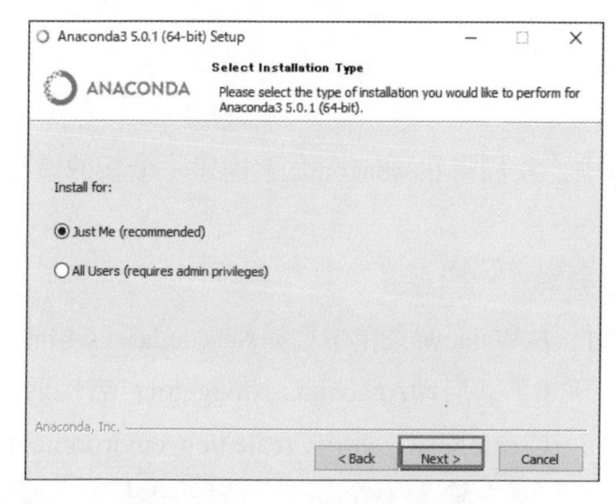

图 2.6　Anaconda 安装向导（3）

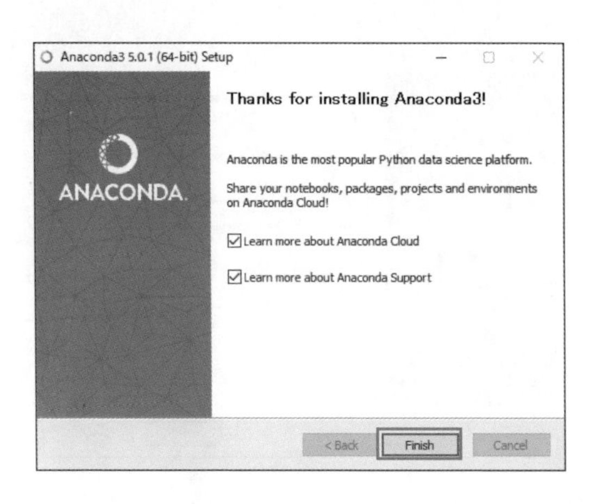

图 2.7　Anaconda 安装完成

ATTENTION

Anaconda 的版本问题

本书使用的安装版本是Anaconda3-5.0.1-Windows-x86_64.exe。图2.3中提供的版本可能会随下载时间的变化而有所变化，使用最新的安装版本基本上是没有问题的。请从以下网站下载最新版本，以适应系统环境。

- Anaconda installer archive

URL https://repo.continuum.io/archive/

2.2.3　创建虚拟环境

在本小节中，我们将在Anaconda上构建一个新的虚拟环境。

从GUI构建虚拟环境

使用GUI时，从Windows菜单中选择Anaconda3（64-bit）→Anaconda Navigator（见图2.8），启动Anaconda Navigator。启动后，在菜单中选择Environments→Create按钮，弹出Create new environment对话框。

在Name文本框中输入一个易于理解的虚拟环境名称（此处为

tensorflow），在Packages下拉列表中选择3.5，然后单击Create按钮，如图2.9和图2.10所示。

图 2.8　启动 Anaconda Navigator

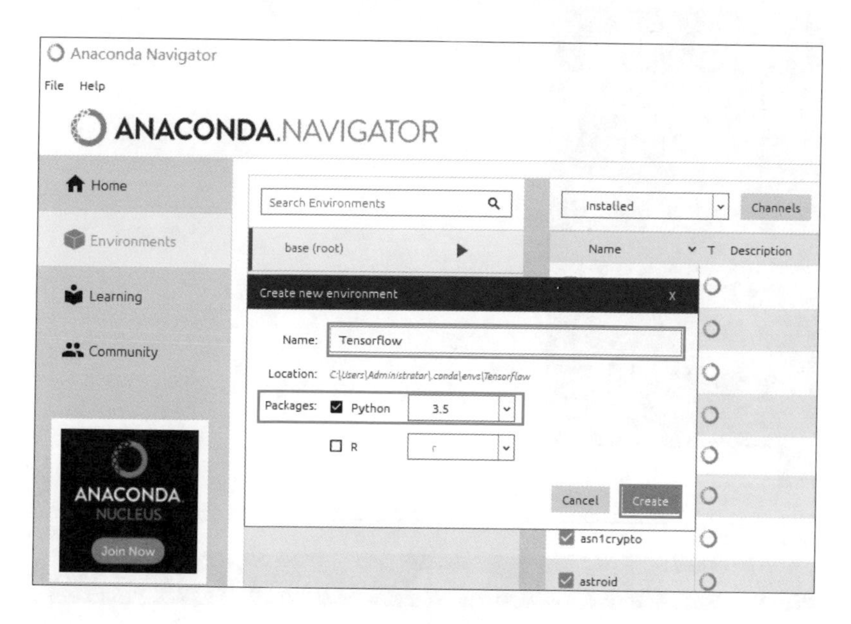

图 2.9　创建虚拟环境

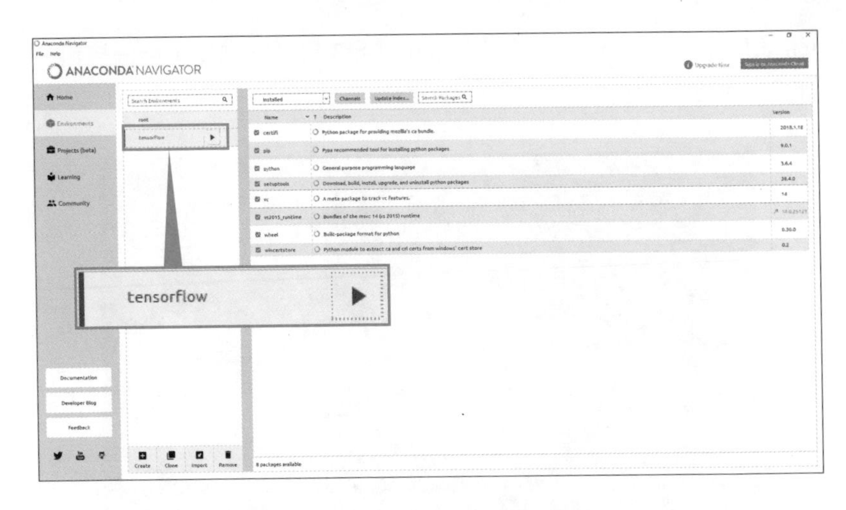

图 2.10　创建的虚拟环境

○ 从命令行安装

要从命令行运行，可以在Windows菜单中选择Anaconda3（64-bit）→Anaconda Prompt进行启动，如图2.11所示。

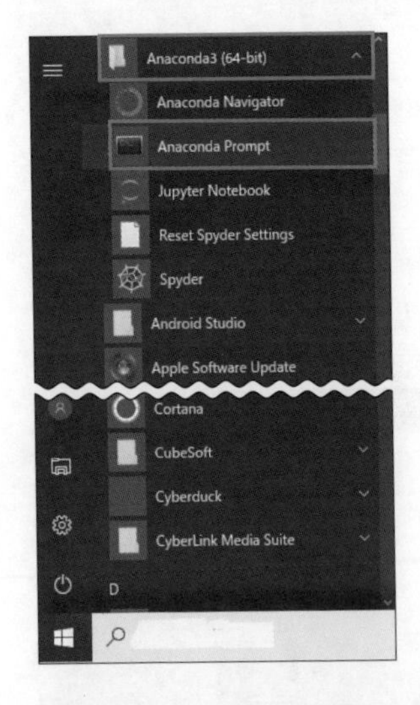

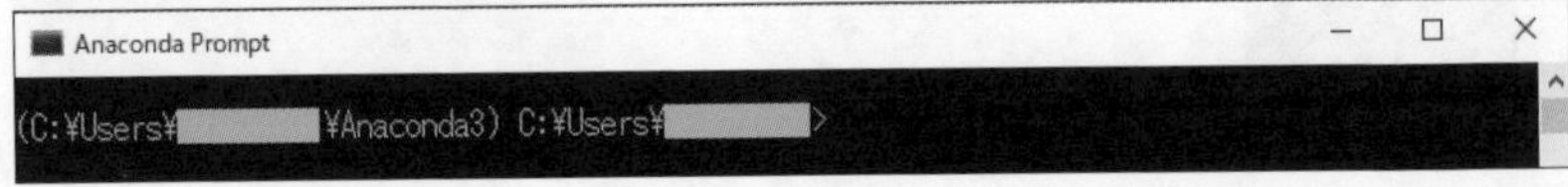

图 2.11　命令行启动 Anaconda Prompt

启动后，可以使用以下命令创建环境。<虚拟环境名称>可以是前面提到的任何描述性名称。

```
> conda create -n <虚拟环境名称> python=3.5
```

2.2.4 安装所需的库

要使用GUI，可以从虚拟环境tensorflow中选择Open Terminal（打开终端），如图2.12所示，启动虚拟环境的命令提示符界面。

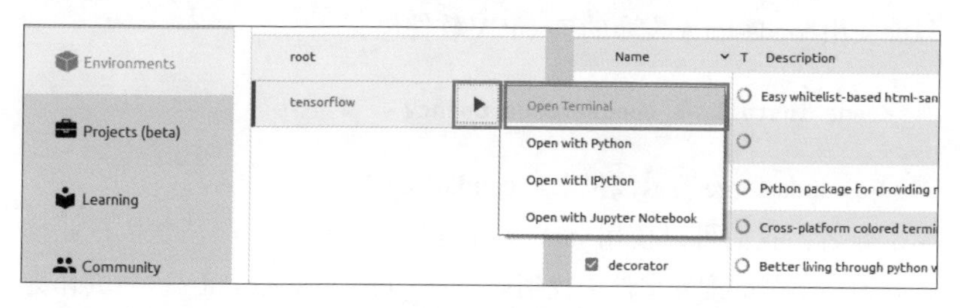

图 2.12 在虚拟环境中启动命令提示符界面

如果是在命令行中，可以使用以下命令进入虚拟环境。

```
> activate <虚拟环境名称>
```

然后使用pip命令安装TensorFlow。本节中的样例已在TensorFlow 1.0.0中进行了验证，因此只需要指定安装版本即可安装。

```
> pip install --upgrade tensorflow==1.5.0
```

顺利安装后，可以从Anaconda Prompt启动Python，并确认可以导入tensorflow，则表示TensorFlow安装完成了。

```
> python
Python 3.5.4 |Anaconda, Inc.| ...
>>> import tensorflow as tf
>>> tf.__version__
'1.5.0'
```

TensorFlow安装完毕。接下来，我们将安装Jupyter Notebook和其他库，这些库将在本示例中使用。

使用conda命令可以安装Jupyter Notebook。

```
> conda install jupyter
```

还可以安装其他库（见表2.1）。

```
> conda install <文件包名称>==<版本名>
```

但是，由于Anaconda没有为Windows提供OpenCV软件包，因此只能使用conda-forge发布的OpenCV软件包。

```
> conda install -c conda-forge opencv
```

-c conda-forge表示该包来自conda-forge。

或者，我们可以使用yaml文件批量安装所需的库。要执行此操作，请从下载的配套文件中找到shoeisha_tensorflow.yaml，并将其作为conda env update的参数。

```
> conda env update -f shoeisha_tensorflow.yaml -n <虚拟环境名称>
```

表2.1　示例中所使用库的列表

软件库	版　本	说　明
h5py	2.7.1	用于处理HDF5格式文件的标准库，在保存Keras模型时会使用到它
matplotlib	2.2.2	标准的可视化库，用于对学习结果的可视化等
opencv	3.4.1	被广泛使用的图像处理库，在第9章中用于图像的预处理
pillow	5.0.0	Keras内部使用的标准图像处理库
pandas	0.22.0	数据分析库，在第7章中进行可视化时使用
scipy	1.0.0	科学计算库，在第7章中使用

2.2.5　通过Jupyter Notebook确认操作

本小节介绍Jupyter Notebook的具体使用方法。在Anaconda Prompt

中输入以下命令后，浏览器将自行启动[①]，如图2.13所示。

```
> jupyter notebook
```

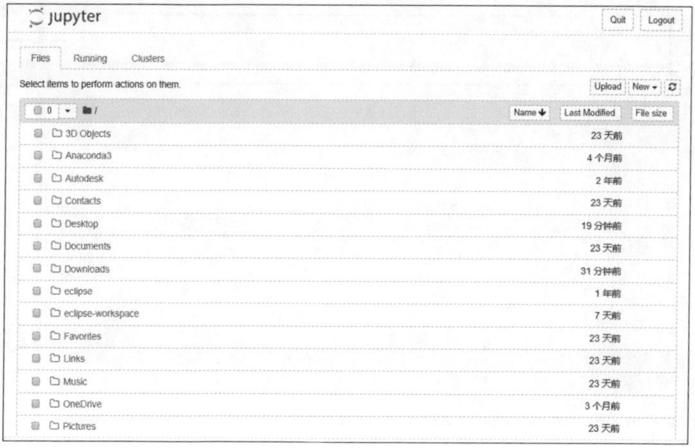

图 2.13　启动 Jupyter Notebook

单击打开右上角的New下拉列表，选择 Python 3，如图2.14所示。

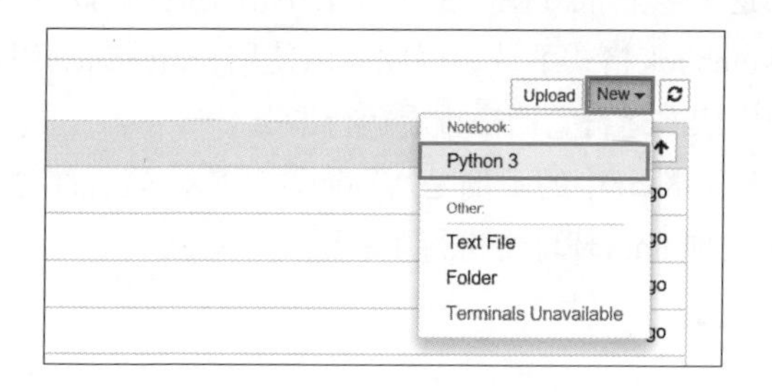

图 2.14　创建一个 Python 3 Notebook

Jupyter Notebook允许在浏览器中执行Python代码片段。可以在每个单元（cell）中输入Python代码，然后按Shift+Enter组合键执行，如图2.15所示。

① 在虚拟环境中单击 tensorflow的▶按钮，选择Open With Jupyter Notebook，会自动启动浏览器。

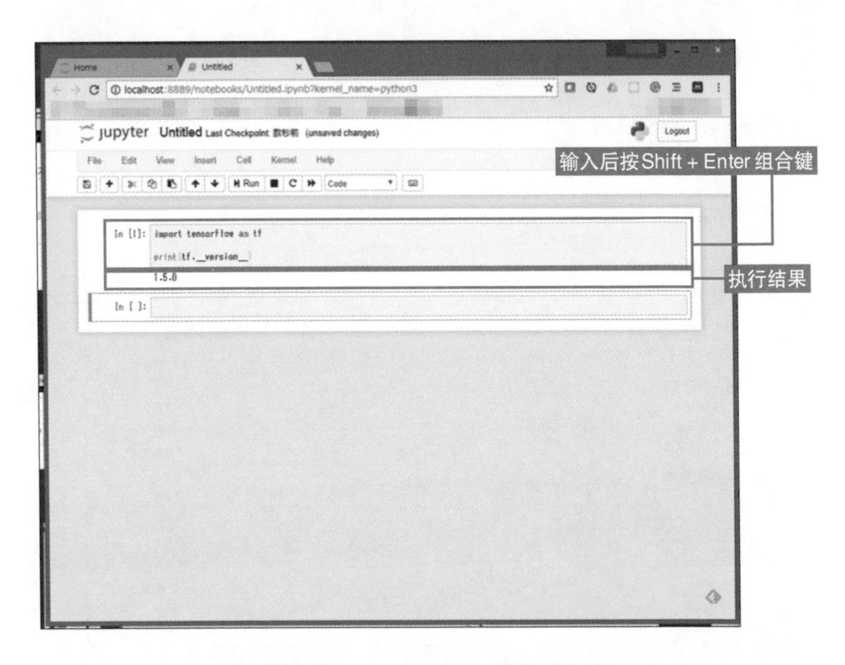

图 2.15　Jupyter Notebook 的编辑窗口

除了Python代码以外，还可以编写Markdown格式的注释，Jupyter Notebook的这一点非常方便。由于本书中使用的所有示例代码都可以用Jupyter Notebook格式下载，因此可以使用Shift+Enter组合键按照从上到下的顺序依次运行它们来查看运行情况。

另外，第一部分中的示例是Windows环境，第二部分中的示例需要GPU，已在Ubuntu环境中进行了验证。

2.3 GPU环境与云服务的活用

我们已经学习了CPU版本环境的创建方法，如果想真正使用TensorFlow，还需要GPU环境。不过，从零开始创建GPU环境，初期需要花费一定的费用。因此，本节将介绍如何使用云服务轻松创建GPU环境。

2.3.1 GPU 版本 TensorFlow 的安装

如果用户有NVIDIA生产的高速GPU，则可以通过从NVIDIA网站下载并安装CUDA（参考MEMO）和cuDNN（参考MEMO）来使用TensorFlow的GPU版本。除了CUDA和cuDNN的安装外，该版本与CPU版本的不同之处仅在于指定tensorflow-gpu而不是tensorflow。

不过，在Windows操作系统中必须安装Visual Studio才能安装和使用CUDA；而在macOS环境下，TensorFlow原本就不支持GPU。如果平时使用的是Linux操作系统，则可以相对轻松地获得GPU环境，但是在Windows操作系统或macOS操作系统下，这个门槛可能会有点高。

MEMO

CUDA

CUDA 是指由 NVIDIA 开发和提供的 GPGPU 架构或库。

MEMO

cuDNN

cuDNN是由NVIDIA开发和提供的、针对GPU优化的深度学习库。它提供了在深度学习中经常使用的基本功能，现已被许多深度学习库所采用。

2.3.2 云服务的利用

本小节介绍云服务的利用。Google Cloud Platform、Amazon AWS和Microsoft Azure都提供了可以使用GPU的实例，因此，如果没有高速GPU或不想在环境建设上花费过多，建议使用云端服务。

Amazon AWS提供了Deep Learning AMI这一深度学习专用的AMI（EC2的图像），在上面可以使用简单的TensorFlow功能。而Google Cloud Platform既提供了在虚拟机GCE上使用GPU的功能，还专门为TensorFlow提供了名为Cloud Machine Learning Engine的服务。大家还可以在下载的资源中找到一个文件，该文件概述了如何在GCE上使用GPU构建环境以运行本书中的示例代码。

另外，Google还提供另一项名为Colaboratory的服务，如图2.16所示。

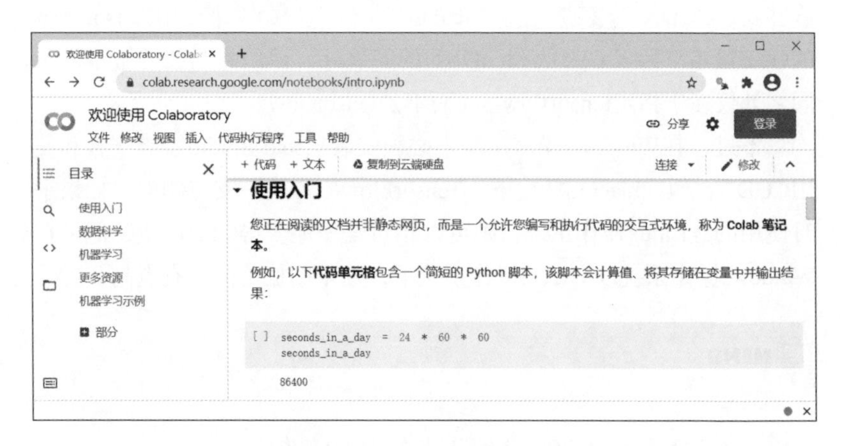

图2.16　Google Colaboratory

URL https://colab.research.google.com/

虽然Colaboratory要求用户在每次学习时都必须准备数据并安装额外的库，但通过基于Jupyter Notebook的UI，我们可以免费使用最新的GPU环境。

本书写作时这项服务仍然是一项新的服务，存在频繁的更新和许多更改，虽然还不清楚它今后将朝着怎样的方向发展，但其代码样本丰富且简单，因此是本书非常推荐的一种云环境。

2.4 总结

本章介绍了如何安装TensorFlow。虽然书中内容是以Windows环境为标准的，但除了安装Anaconda以外，其他基本操作方法和命令在macOS和Linux中都几乎相同。此外，为了方便大家使用GPU，还介绍了本书写作时市场上提供的（包括准备提供的）云端服务。

迄今为止，使用GPU的门槛一直较高，但Deep Learning AMI和Colaboratory提供了通过云端即可快捷使用的GPU服务。在第3章中，我们将一边操作TensorFlow，一边对TensorFlow的基本概念进行说明。

CHAPTER 3 利用简单示例了解TensorFlow基础知识

如第1章所述，TensorFlow包含了从提供相对低级功能的Core API到Estimator、Keras等高级API的广泛应用。由于这些高级API非常出色，因此在构建简单模型时，我们很少需要考虑使用低级API。本书介绍的大多数模型都是通过高级API Keras来实现的。但是，如果想要实现某些高级API不支持的功能，或者构建复杂的实用模型，则需要使用低级但通用性更好的API。此外，了解TensorFlow的低级API对于更好地了解高级API的工作原理非常重要。因此，本章将介绍TensorFlow的低级API。

3.1 TensorFlow和数据流图

在第1章中曾经简单介绍过，TensorFlow是以数据流图为基础的处理系统。本节将一边展示具体示例，一边带大家学习TensorFlow中的数据流图。

3.1.1 数据流图

想要了解TensorFlow的低级API，需要先了解数据流图这一基本概念。首先，看一下示例3.1中简单的TensorFlow代码。

示例 3.1　TensorFlow 中的 1+1

In

```
import tensorflow as tf


a = tf.constant(1, name='a')
b = tf.constant(1, name='b')
c = a + b

with tf.Session() as sess:
    print(sess.run(c))
```

Out

```
2
```

即使不了解TensorFlow的相关知识，也可以看出在常量a和b中分别代入1，进行加法运算。那么，实际执行1+1=2计算的是哪里呢？是 c=a+b的部分吗？实际上，c=a+b部分只是定义了“将a和b的值相加的结果作为值的c的Tensor”，而1+1=2是在sess.run(c)的部分计算出来的。如果尝试显示类型c而不是sess.run(c)，可以发现，c确实不仅仅是一个数值，而是一个Tensor类型的实例（示例3.2）。

示例 3.2　查看运算结果的类型

In

```
import tensorflow as tf


a = tf.constant(1, name='a')
b = tf.constant(1, name='b')
c = a + b

print(c)
```

Out

```
Tensor("add_1:0", shape=(), dtype=int32)
```

这样，原则上要在TensorFlow中实现如下计算：

（1）定义要进行怎样的计算；
（2）统一执行计算。

结合这两个步骤后，TensorFlow才会执行计算操作。其中步骤（1）就是数据流图的作用。

所谓数据流图，就是将数据的流（flow）以图表的形式表现出来的一种图形。说到“图表”，可能大家会联想到折线图和柱状图，但这里所说的图表我们可以理解为是一种“网络”。

图3.1所示就是一个简单的图表示例。这是一个点与点用线连接而成的结构，其中的点称为节点或顶点，线称为边或edge。

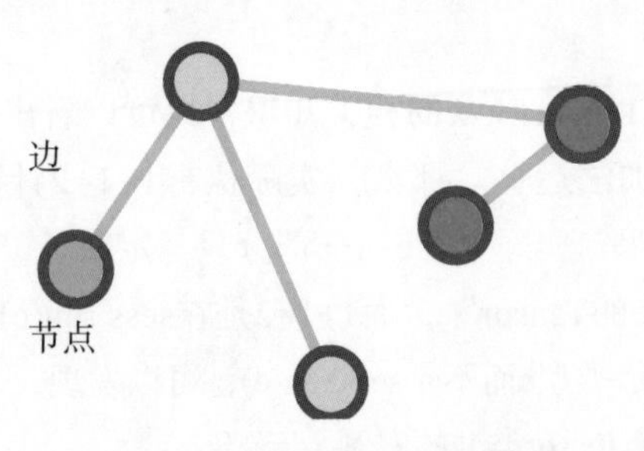

图 3.1　一个简单图表示例

示例3.1所述加法的图表如图3.2所示，将a和b等常数和加法运算的操作对应节点后，它们各自间的关系则与各自的边对应。我们也可以用示例3.3中的as_graph_def()语句来验证这一点。

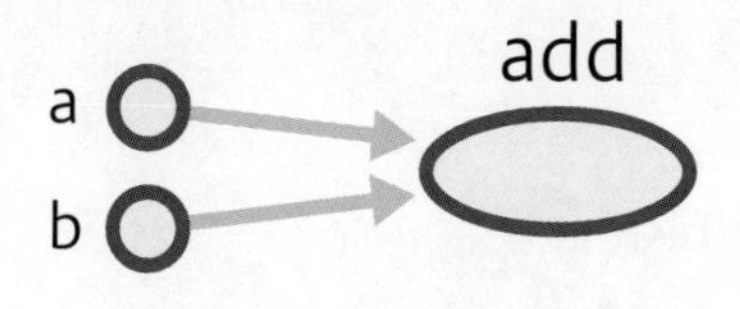

图3.2　1+1的图表

示例3.3　数据流图定义的表达式。从输出可以发现，a和add显示为节点。

In

```
import tensorflow as tf


a = tf.constant(1, name='a')
b = tf.constant(1, name='b')
c = a + b

graph = tf.get_default_graph()
print(graph.as_graph_def())
```

Out

```
node {
  name: "a"
  op: "Const"
  attr {
    key: "dtype"
    value {
      type: DT_INT32
    }
  }
  （略）
}
（略）
node {
```

```
  name: "add"
  op: "Add"
  input: "a"
  input: "b"
  attr {
    key: "T"
    value {
      type: DT_INT32
    }
  }
}
versions {
  producer: 24
}
```

3.1.2　会话

要获得实际的计算结果，我们需要创建tf.Session（会话）类的实例。通过在生成的会话中运行run()方法，并指定要计算的节点，可以获得与该节点对应操作的执行结果。示例3.3中的with语句部分即对应了这个操作。而且，在run()方法中，我们还可以指定多个节点并同时进行计算，如sess.run([a,b])。

3.2 数据流图的组成元素

本节将说明组成数据流图的各个元素。

如前文所述，数据流图是TensorFlow的核心。在第3.1节中，通过定量及加法运算的例子讲解了数据流图的节点，但在此之外还存在很多不同种类的节点，通过将这些节点进行组合，就可以构建更加复杂的模型。那么到底还存在哪些节点呢？本节的内容就是对它们的整理。

常量

在初始定义后，常量的值就不能改变了。与书中多次出现的命令相同，常量可以使用tf.constant()来定义。

变量

可以使用tf.Variable()来定义变量（示例3.4）。与常量不同，我们可以更改变量的值。通过将训练对象的参数定义为变量而非常量，就可以对参数进行更新，让参数学习成为可能。

示例 3.4　变量的示例

In

```
import tensorflow as tf


a = tf.Variable(1, name='a')
b = tf.constant(1, name='b')
c = tf.assign(a, a + b)  ❶

with tf.Session() as sess:
    sess.run(tf.global_variables_initializer())  ❷
    print('第一次：[c, a] =', sess.run([c, a]))
    # 变量c已被更新
```

```
    print('第二次：[c, a] =', sess.run([c, a]))
```

Out

```
第一次：[c, a] = [2, 2]
第二次：[c, a] = [3, 3]
```

tf.assign()表示赋值并返回赋值结果的操作❶。在此示例中，所进行的操作是“将a+b的值赋予a，然后返回a的值”。

从输出结果可以发现，在每次调用sess.run()时，c（当然a也是）都会更新。如果尝试将tf.assign()应用于b而不是a，那么由于b是常量，因此会导致无法更新的错误。

还有一点需要注意，本示例中出现了新的方法——tf.global_variables_initializer()，这个方法表示将所有变量初始化❷。在使用变量的情况下，必须在会话开始时初始化变量。我们当然可以使用诸如tf.initialize_variables()这种方法指定变量进行初始化，但实际上多数情况下，还是会选择使用tf.global_variables_initializer()方法对所有变量进行批量初始化。

占位符

占位符像一个可以接收各种值的“箱子”，它的定义需要使用tf.placeholder()方法（示例3.5❶）。它可以构建具有待定值的图表，并在运行时指定特定值。占位符主要用于输入数据部分的操作。

示例 3.5 占位符

In

```
import tensorflow as tf

a = tf.placeholder(dtype=tf.int32, name='a')  ❶
b = tf.constant(1, name='b')
c = a + b

with tf.Session() as sess:
    print('a + b =', sess.run(c, feed_dict={a: 1}))
```

Out

```
a + b = 2
```

● 操作

如示例3.6所示，除了常量、变量和占位符以外，加法和乘法等运算操作也可以被表示为图表的节点。

示例 3.6　运算操作示例

In

```
import tensorflow as tf


a = tf.constant(2, name='a')
b = tf.constant(3, name='b')
c = tf.add(a, b)        # 等价于a + b
d = tf.multiply(a, b)  # 等价于a*b

with tf.Session() as sess:
    print('a + b = ', sess.run(c))
    print('a * b = ', sess.run(d))
```

Out

```
a + b =  5
a * b =  6
```

3.3 多维数组和张量

正如第1章中提到的那样，在TensorFlow中使用向量和矩阵的广义张量进行计算。本节将通过一些具体的示例介绍如何使用TensorFlow处理张量。

3.3.1　张量运算

前面介绍的处理都是以1、2等简单的数值为对象的，但TensorFlow还可以处理向量和矩阵等多维数据。

在这里，你可以认为向量代表一维数组，矩阵代表二维数组。另外，非数组的单纯数值称为标量，包含标量和向量以及矩阵的多维数组统称为张量，如表3.1所示。

表3.1　标量、 向量、 矩阵和张量的对照表

名称	维度	具体实例	数学符号表示
标量	0	1	x
向量	1	[1, 2, 3]	x_i
矩阵	2	[[1, 2], [3, 4]]	x_{ij}
张量	任意	[[[1, 2], [3, 4]], ···]	$x_{i \cdots j}$（按维数排列下标）

向量运算

在TensorFlow中，可以通过为tf.constant()或tf.Variable()的参数指定数组来使用向量（示例3.7）。

示例 3.7　向量运算示例

In

```
import tensorflow as tf
```

```
a = tf.constant([1, 2, 3], name='a')
b = tf.constant([4, 5, 6], name='b')
c = a + b

with tf.Session() as sess:
    print('a + b = ', sess.run(c))
```

Out

```
a + b =  [5 7 9]
```

矩阵运算

要使用矩阵，请指定与向量一样的二维数组（示例3.8）。

示例 3.8　矩阵运算示例

In

```
import tensorflow as tf


a = tf.constant([[1, 2], [3, 4]], name='a')
b = tf.constant([[1], [2]], name='b')
c = tf.matmul(a, b)

print('shape of a: ', a.shape)
print('shape of b: ', b.shape)
print('shape of c: ', c.shape)

with tf.Session() as sess:
    print('a = \n', sess.run(a))
    print('b = \n', sess.run(b))
    print('c = \n', sess.run(c))
```

Out

```
shape of a:  (2, 2)
shape of b:  (2, 1)
shape of c:  (2, 1)
```

```
a =
 [[1 2]
 [3 4]]
b =
 [[1]
 [2]]
c =
 [[ 5]
 [11]]
```

示例3.8代码执行如下运算。

$$\begin{pmatrix}1 & 2\\3 & 4\end{pmatrix}\begin{pmatrix}1\\2\end{pmatrix}=\begin{pmatrix}5\\11\end{pmatrix}$$

对于三维以上的数组，同样可以进行计算。包括向量运算和矩阵运算在内，多维数组之间的运算统称为张量运算。

3.3.2 张量运算和占位符

必须指定shape参数，tf.placeholder()才能接收张量。如果张量本身不确定，则指定未知维度方向的None（示例3.9）。

示例 3.9　张量占位符和未知维度

In

```
import tensorflow as tf


a = tf.placeholder(shape=(None, 2), dtype=tf.int32, name='a')

with tf.Session() as sess:
    print('-- 代入[[1, 2]]--')
    print('a = ', sess.run(a, feed_dict={a: [[1, 2]]}))
    print('\n-- 代入[[1, 2], [3, 4]] --')
    print('a = ', sess.run(a, feed_dict={a: [[1, 2], [3, 4]
]}))
```

Out

```
-- 代入[[1, 2]] --
a =  [[1 2]]

-- 代入[[1, 2], [3, 4]] --
a =  [[1 2]
      [3 4]]
```

3.4 会话和Saver

本节介绍如何通过Saver写入和读取文件。

前面介绍了图的构成要素。其中，对于变量，每组会话都需要初始化。因此，即使在一个会话中更新变量，则变量更新的结果也不会在另一个跨会话中的会话之间继承（示例3.10）。

因此，如果将学习参数定义为变量，则只有在保持同一会话的情况下，才能使用更新后的结果，即学习后的结果。于是就出现了Saver。使用Saver可以将变量的值写入文件，也可以从文件中读取。这样一来，就可以存储机器学习的模型，并可以在其他过程中使用（示例3.11）。

示例 3.10　会话发生变化时，变量被初始化

In

```
import tensorflow as tf



a = tf.Variable(1, name='a')
b = tf.assign(a, a + 1)

with tf.Session() as sess:
    sess.run(tf.global_variables_initializer())
    print('第一次 b = ', sess.run(b))
    print('第二次 b = ', sess.run(b))

# 会话发生变化时，会恢复到原始值
with tf.Session( ) as sess:
    print('-- 新建会话 --')
    sess.run(tf.global_variables_initializer())
    print('第一次 b = ', sess.run(b))
    print('第二次 b = ', sess.run(b))
```

Out

```
第一次 b =  2
第二次 b =  3
-- 新建会话 --
第一次 b =  2
第二次 b =  3
```

示例 3.11　通过 Saver 保存变量

In

```
import tensorflow as tf


a = tf.Variable(1, name='a')
b = tf.assign(a, a + 1)

saver = tf.train.Saver()
with tf.Session() as sess:
    sess.run(tf.global_variables_initializer())
    print(sess.run(b))
    print(sess.run(b))
    # 将变量的值保存到model/model.ckpt
    saver.save(sess, 'model/model.ckpt')

# 使用 Saver时
saver = tf.train.Saver()
with tf.Session() as sess:
    sess.run(tf.global_variables_initializer())
    # 从model/model.ckpt中还原变量值
    saver.restore(sess, save_path='model/model.ckpt')
    print(sess.run(b))
    print(sess.run(b))
```

Out

```
2
3
INFO:tensorflow:Restoring parameters from model/model.ckpt
4
5
```

3.5 基于TensorBoard的图表可视化

本节介绍TensorFlow附带的可视化工具TensorBoard的功能。

3.5.1 图表可视化

我们可以使用名为TensorBoard的工具对图表进行可视化。TensorBoard是TensorFlow附带的一种对模型结构和学习状况等实现可视化的工具。除了图表以外，还可以将函数损失的历史记录和向量的嵌入等实现可视化。在这里，只针对图表的可视化进行讲解。

3.5.2 导出摘要

要使用TensorBoard进行可视化，必须使用tf.summary.FileWriter()导出所需的信息。具体代码如示例3.12所示。

示例 3.12　导出摘要

In

```
import tensorflow as tf


LOG_DIR = './logs'

a = tf.constant(1, name='a')
b = tf.constant(1, name='b')
c = a + b

graph = tf.get_default_graph()
with tf.summary.FileWriter(LOG_DIR) as writer:
    writer.add_graph(graph)
```

运行上述代码后，查看LOG_DIR(logs)，可以看到导出了名为events. out.xxx的文件，如图3.3所示。

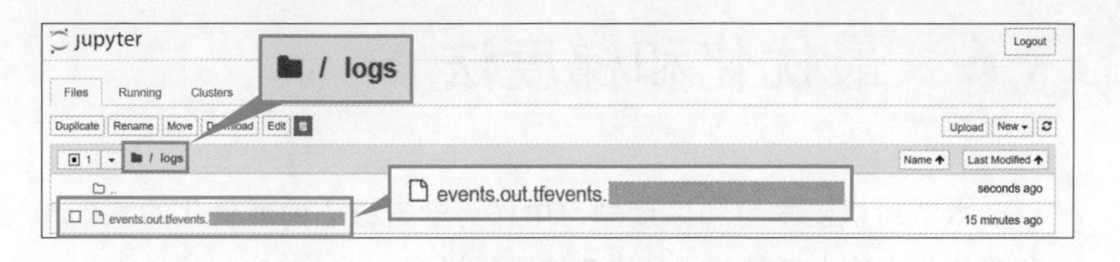

图 3.3　tf.sumary.FileWriter() 的输出目录

3.5.3　启动和运行TensorBoard

写入所需信息后，使用前面的logs作为参数启动TensorBoard。在Anaconda Navigator中，单击虚拟环境（tensorflow），选择“Open Ferminal”，启动命令提示符界面。然后使用activate〈虚拟环境名〉命令进入虚拟环境，并运行以下命令。

```
> tensorboard --logdir=logs
```

执行上述命令时，将显示URL。如果访问该URL，可看到类似于图3.4的界面。其中显示的图表正是第3.1.1小节的数据流图。

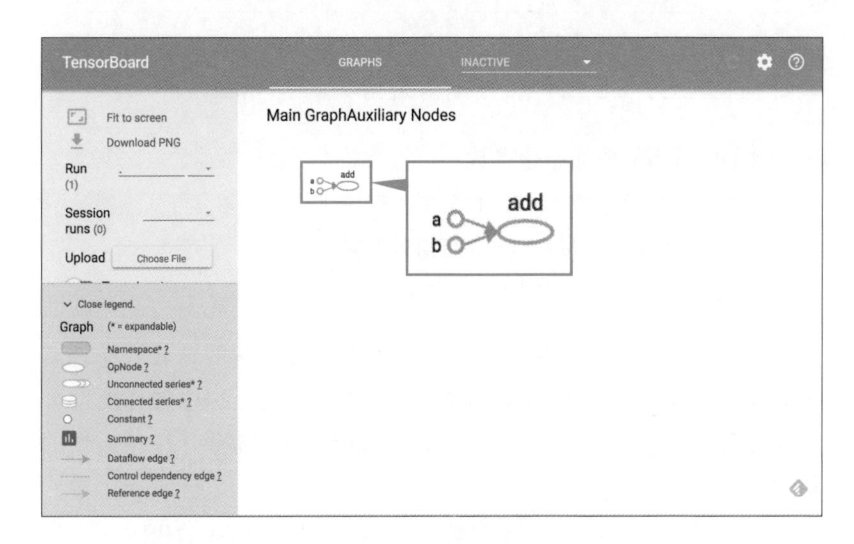

图 3.4　TensorBoard

3.6 最优化和梯度法

本节对机器学习和深度学习中作为学习核心的最优化的基础和最优化方法中经常使用的梯度法进行讲解。

3.6.1 深度学习与优化

在机器学习和深度学习中，学习通常是为了将预测误差最小化和最优化。到目前为止的讲解中，我们已掌握数据流图的基础，接下来就进入“优化”这一稍微具有实践性的内容。这里所说的优化是指找到使给定函数为最小或最大的参数。

所谓机器学习，是指“找到使预测误差最小化的参数”，所以最优化是一个非常重要的概念。TensorFlow可使用梯度法将函数最小化。

3.6.2 梯度法（最速下降法）

梯度法是在最优化问题中使用函数梯度信息来求解的算法的总称。最简单的方法为最速下降法，具体要遵循以下的步骤。

（1）用适当的值初始化参数；
（2）计算给定参数下函数的斜率（梯度）；
（3）将参数向斜率最大的方向稍微偏移；
（4）重复步骤（2）和步骤（3）。

关于最速下降法，想象一下在坡道上慢慢滚落的球就容易理解了。如果要从零开始实现最速下降法，计算步骤(2)中的梯度部分会非常麻烦，但TensorFlow为步骤(3)和步骤(3)提供了一个方便的机制。

示例3.13用于找出使二次函数$y=(x-1)^2$最小化的x的代码。

示例 3.13　以最速下降法求二次函数最小化的 x 值

In

```
import tensorflow as tf


# 参数定义为变量                                    ❶
x = tf.Variable(0., name='x')
# 使用参数定义最小化的函数                           ❷
func = (x - 1)**2

# learning_rate 决定一次移动的大小                   ❸
optimizer = tf.train.GradientDescentOptimizer(
    learning_rate=0.1
)
# train_step表示稍微偏移x的操作                      ❹
train_step = optimizer.minimize(func)

# train_step 重复执行                                ❺
with tf.Session() as sess:
    sess.run(tf.global_variables_initializer())
    for i in range(20):
        sess.run(train_step)
    print('x = ', sess.run(x))
```

Out

```
x =  0.98847073
```

首先，将参数x定义为示例代码中的变量❶。接下来，用x定义一个函数func，并将其函数值最小化❷。tf.train.GradientDescentOptimizer()负责通过最速下降法更新参数❸。通过将func指定为minimize()方法的参数，可以获得train_step操作，该操作将参数x稍微偏移❹。然后，使用for循环重复train_step，以完成最小化过程❺。

在本示例中，我们给出了初始值x=0，但是通过重复训练步骤(train_step)20次，得到的值x=0.98847073非常接近最佳参数x=1。图3.5所示为x逐渐接近1的情况。

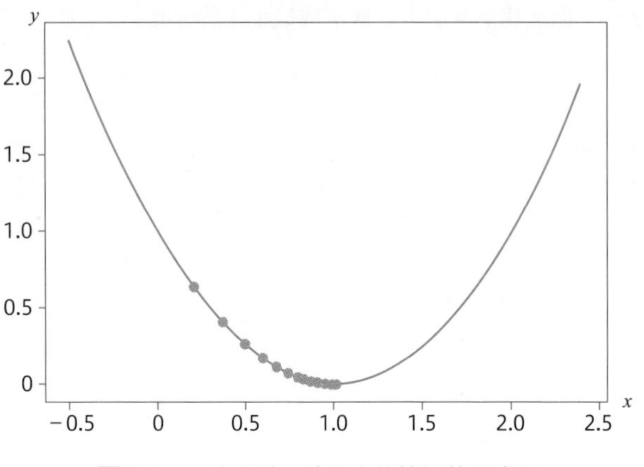

图 3.5　二次函数 x 值最小化接近的示意图

3.6.3　梯度法在机器学习中的应用

那么，如何用梯度法构建机器学习模型呢？在此，我们用一个非常简单的例子来说明。这是一个Boston house-prices数据集。Boston house-prices数据集包含13个变量（解释变量），如住宅的房间数和通往高速公路的便利性，以及对应的506个房屋价格（中位数）等。我们采用这13个变量，学习输出房价估计值的函数（见图3.6）。这个函数被称为模型（机器学习模型）。

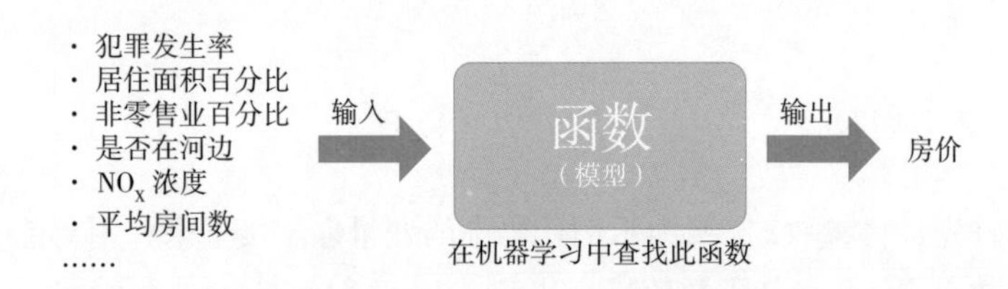

图 3.6　由 13 个变量学习估算房价的函数

3.6.4　准备数据集

Boston house-prices数据集是一个非常著名的数据集，TensorFlow中包含的Keras提供了一个函数，如果已经安装了TensorFlow，则可以很容易地下载和使用（示例3.14）。

示例 3.14　下载 Boston house-prices 数据集

In

```
(x_train, y_train), (x_test, y_test) = tf.keras.datasets.boston_
housing.load_data( )
```

TensorFlow 1.5中的tf.keras有一个Bug，会导致示例3.14中的代码出现错误，但是我们可以使用Keras来下载数据集（TensorFlow 1.4.x和TensorFlow 1.6.x中的代码不会导致错误，可以直接下载）。

具体来说，在Anaconda Navigator中，单击虚拟环境（tensorflow），选择Open Terminal，启动命令提示符界面。使用activate<虚拟环境名>导航到虚拟环境，执行以下命令安装Keras。然后启动Jupyter Notebook，并导入Keras（示例3.15）。

```
> pip install keras
```

示例 3.15　导入 Keras

In

```
import keras


(x_train, y_train), (x_test, y_test) = keras.datasets.boston_
housing.load_data( )
```

x_train和y_train是用于训练的数据（训练数据或称为学习数据），x_test和y_test是用于评估精度的数据（测试数据），如图3.7所示。

现在，让我们运行示例3.16中的代码，以获得有关数据的概要。将y_train绘制为直方图，如图3.8所示。从图中可以发现，房价在20.0（$20,000）左右的最多，最大值为50.0（$50,000）。

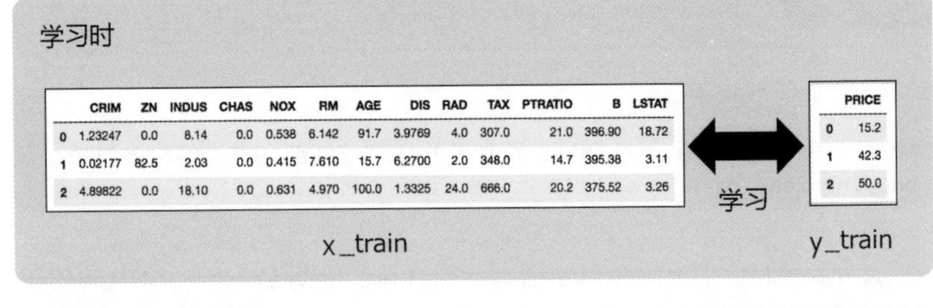

	CRIM	ZN	INDUS	CHAS	NOX	RM	AGE	DIS	RAD	TAX	PTRATIO	B	LSTAT
0	1.23247	0.0	8.14	0.0	0.538	6.142	91.7	3.9769	4.0	307.0	21.0	396.90	18.72
1	0.02177	82.5	2.03	0.0	0.415	7.610	15.7	6.2700	2.0	348.0	14.7	395.38	3.11
2	4.89822	0.0	18.10	0.0	0.631	4.970	100.0	1.3325	24.0	666.0	20.2	375.52	3.26

	PRICE
0	15.2
1	42.3
2	50.0

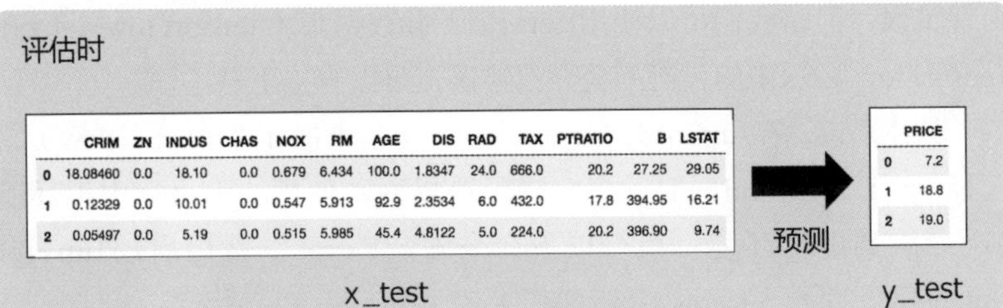

	CRIM	ZN	INDUS	CHAS	NOX	RM	AGE	DIS	RAD	TAX	PTRATIO	B	LSTAT
0	18.08460	0.0	18.10	0.0	0.679	6.434	100.0	1.8347	24.0	666.0	20.2	27.25	29.05
1	0.12329	0.0	10.01	0.0	0.547	5.913	92.9	2.3534	6.0	432.0	17.8	394.95	16.21
2	0.05497	0.0	5.19	0.0	0.515	5.985	45.4	4.8122	5.0	224.0	20.2	396.90	9.74

	PRICE
0	7.2
1	18.8
2	19.0

图 3.7 训练数据和测试数据

示例 3.16 显示直方图

In

```
# matplotlib内嵌图表
%matplotlib inline

import matplotlib.pyplot as plt


plt.rcParams['font.size'] = 10*3
plt.rcParams['figure.figsize'] = [18, 12]
plt.rcParams['font.family'] = ['IPAexGothic']

plt.hist(y_train, bins=20)
plt.xlabel('房价($1,000单位)')
plt.ylabel('数据数量')
plt.show()
plt.plot(x_train[:, 5], y_train, 'o')
plt.xlabel('房间数')
plt.ylabel('房价($1,000单位)')
```

Out

```
# 见图3.8、3.9
```

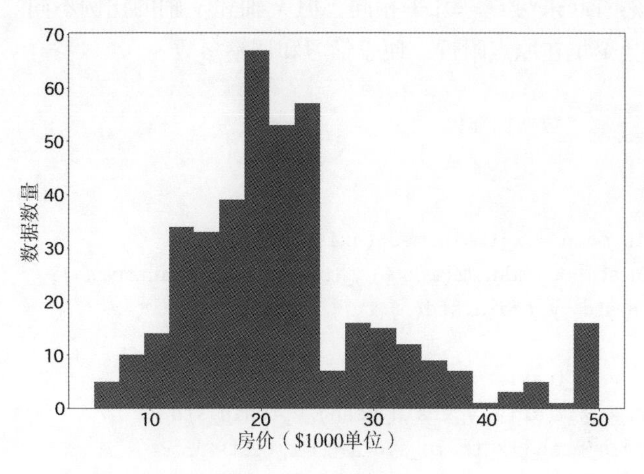

图 3.8　房价分布

接下来，我们看看房间数和房价的关系（见图3.9）。可以看到，房间数越多，价格越高。

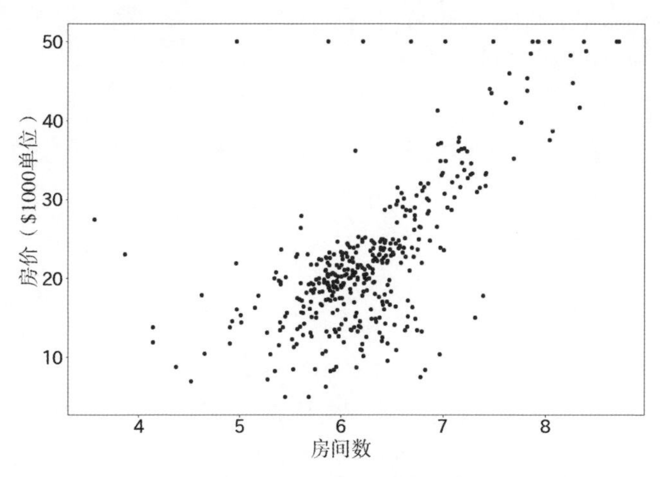

图 3.9　房间数与房价的关系

3.6.5　数据的预处理

在构建机器学习模型前，先进行数据标准化。具体而言，如示例

3.17所示，将每个变量减去平均值并除以标准差（表示偏差大小的指标）。如图3.10所示为是数据标准化后房间数和房价的关系。注意，该图虽然看起来与图3.9几乎相同，但 x 轴和 y 轴的比例不同。这样，数据就会聚集在原点附近，便于学习和调整参数。

示例 3.17　数据标准化

In

```
x_train_mean = x_train.mean(axis=0)
x_train_std =x_train.std(axis=0) y_train_mean = y_train.mean( )
y_train_std =y_train.std( )

x_train = (x_train - x_train_mean)/x_train_std
y_train = (y_train - y_train_mean)/y_train_std
# x_train_mean和x_train_std也用于x_test
x_test = (x_test - x_train_mean)/x_train_std
# 对y_test使用y_train_mean和y_train_std
y_test = (y_test - y_train_mean)/y_train_std

plt.plot(x_train[:, 5], y_train, 'o')
plt.xlabel('房间数（标准化后）')
plt.ylabel('房价（标准化后）')
```

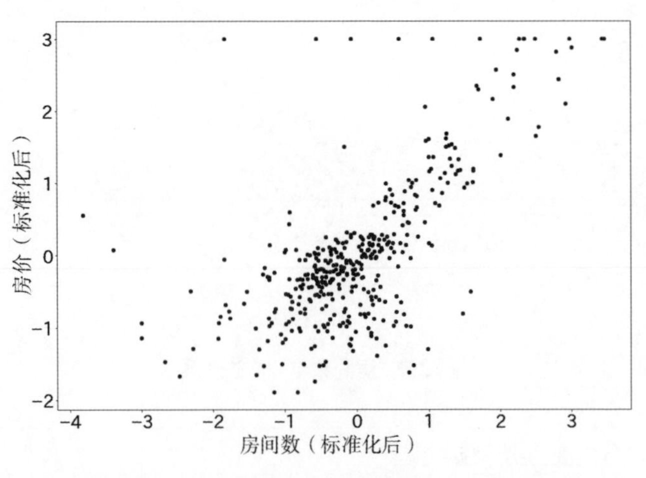

图 3.10　标准化后的房间数与房价的关系

3.6.6 模型的定义

下面定义模型。模型越复杂，表现力就越强，这里简单地用各解释变量的权重相加来预测房价（示例3.18）。权重初始值应为小于1的随机值。如前所述，机器学习是为了将预测误差最小化而学习参数的。这里变量w是参数，pred是表示预测结果的张量，即模型。

示例 3.18　预测房价的模型

In

```
# 解释变量占位符
x = tf.placeholder(tf.float32, (None, 13), name='x')
# 正确数据（房价）的占位符
y = tf.placeholder(tf.float32, (None, 1), name='y')

# 只添加了权重为w的解释变量的简单模型
w=tf.Variable(tf.random_normal((13, 1)))
pred = tf.matmul(x, w)
```

3.6.7 损失函数的定义和训练

定义模型后，接下来是优化。在此我们将想要最小化的函数称为目标函数或损失函数。在这种情况下，损失函数是最小平方误差（mean squared error，MSE）。它表示实测值和预测值之间差值平方的平均值。示例3.19中使用tf.train.GradientDescentOptimizer()定义优化。

示例 3.19　定义误差和 train_step

In

```
# 把实测值和预测值之间差值平方的平均值作为误差
loss = tf.reduce_mean((y - pred)**2)
optimizer = tf.train.GradientDescentOptimizer(
    learning_rate=0.1
)
train_step = optimizer.minimize(loss)
```

最后，使用train_step循环优化（示例3.20）。我们将标准化的x_train和y_train分配给前面定义的x和y占位符（见图3.11）。

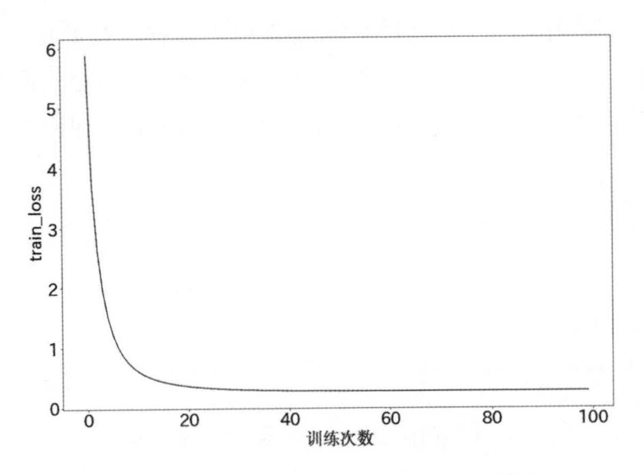

图 3.11　训练次数和训练数据之间的误差关系

示例 3.20　循环训练

In

```
with tf.Session() as sess:
    sess.run(tf.global_variables_initializer())
    for step in range(100):
        # train_step返回None，用_接收
        train_loss, _ = sess.run(
            [loss, train_step],
            feed_dict={
                x: x_train,
                # 需要reshape来匹配y_train和y维
                y: y_train.reshape((-1, 1))
            }
        )
        print('step: {}, train_loss: {}'.format(
            step, train_loss
        ))

    # 学习结束后，对评估用的数据进行预测
```

```
    pred_ = sess.run(
        pred,
        feed_dict={
            x: x_test
        }
    )
```

Out

```
step: 0, train_loss: 5.248872756958008
step: 1, train_loss: 3.0286526679992676
step: 2, train_loss: 1.9476243257522583
step: 3, train_loss: 1.3380894660949707
step: 4, train_loss: 0.9813637137413025
step: 5, train_loss: 0.7663870453834534
step: 6, train_loss: 0.6325927972793579
...
（略）
```

预测数据和实际数据的估计结果如图3.12所示[①]，这里不做量化预测，因为真实数据和预测值显示出非常相似的趋势，并且可以感受到学习已经渐入佳境。

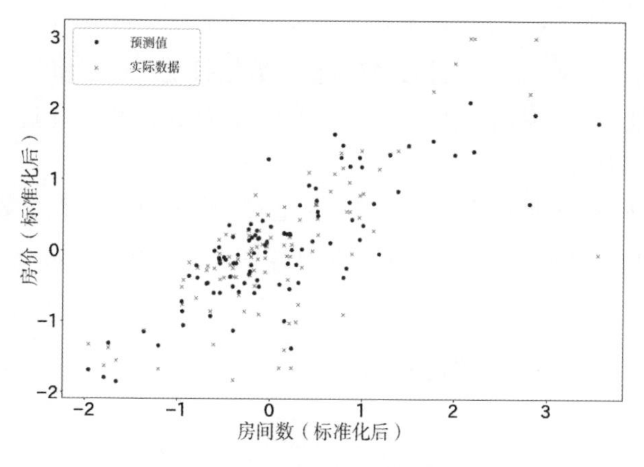

图 3.12　预测数据和实际数据的估计结果

① 请在下载示例中查看代码。

3.6.8 随机梯度下降和小批量梯度下降

至此，我们使用最速下降法学习了简单的机器学习模型。这次利用的数据集，由于数据数量只有506个，因此将所有数据一次性地展开到内存上，实行了最优化。但是，在实际运用中，经常会处理数十万到数百万的数据。而且在下一章及以后处理复杂场景的深度学习过程中，一般都需要大量的数据。在这种情况下，我们会使用随机梯度下降法（stochastic cradient descent，SGD），这是最速下降法的在线算法。在SGD中，不是一次性使用全部数据，而是将其分割成称为“小批量”的块进行训练（参考MEMO）。通过分割成小批量，不仅可以处理大量的数据，还具有行动呈随机性、难以陷入局部解的优点，因此，即使实际数据量不大，也经常使用SGD（或SGD的派生型），因为它具有易于使用的优点。

MEMO

小批量训练（mini-batch）

与一次性处理整个数据的批量学习相比，将数据分割成适当大小的块（小批量）进行学习的方法，称为小批量训练。训练所需的内存较小，再加上行动是随机性的，因此具有不易陷入局部解的优点。

示例3.21是一个生成器，它将整个数据打乱，然后将其拆分为小批量处理并逐个返回。使用此生成器，可以将SGD的优化过程写入示例3.22代码中。

处理一个小批量称为一次迭代，通过重复迭代处理整个数据称为一个纪元（Epoch）。Epoch数与训练数据（小批量）的误差关系如图3.13所示。

示例 3.21 小批量处理的生成器

In

```
import numpy as np


def get_batches(x, y, batch_size):
```

```
    n_data = len(x)
    indices = np.arange(n_data)
    np.random.shuffle(indices)
    x_shuffled = x[indices]
    y_shuffled = y[indices]

    # 从原始数据中随机抽取batch_size个
    for i in range(0, n_data, batch_size):
        x_batch = x_shuffled[i: i + batch_size]
        y_batch = y_shuffled[i: i + batch_size]
        yield x_batch, y_batch
```

示例 3.22　使用小批量处理的学习

In

```
# 小批量处理的大小
BATCH_SIZE = 32

step = 0
with tf.Session() as sess:
    sess.run(tf.global_variables_initializer())
    # 循环100次
    for epoch in range(100):
        for x_batch, y_batch in get_batches(x_train, y_train, 32):
            train_loss, _ = sess.run(
                [loss, train_step],
                feed_dict={
                    x: x_batch,
                    y: y_batch.reshape((-1, 1))
                }
            )
            print('step: {}, train_loss: {}'.format(
                step, train_loss
            ))
            step += 1

    pred_ = sess.run(
        pred,
```

```
        feed_dict={
            x: x_test
        }
    )
```

Out

```
step: 0, train_loss: 16.340198516845703
step: 1, train_loss: 11.703472137451172
step: 2, train_loss: 4.277811527252197
step: 3, train_loss: 2.762151002883911
step: 4, train_loss: 4.628233909606934
step: 5, train_loss: 1.7084436416625977
step: 6, train_loss: 2.512876510620117
（略）
```

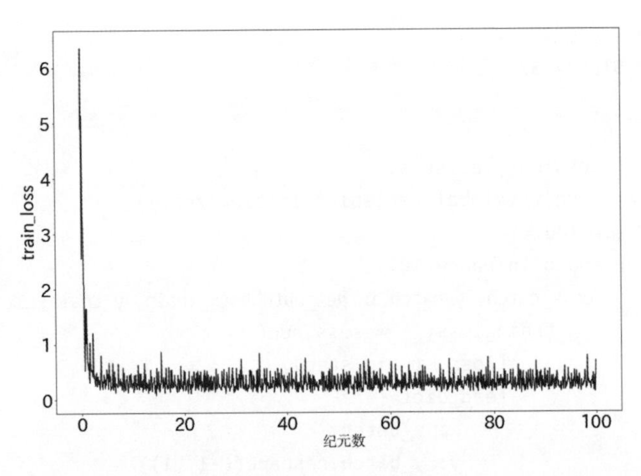

图 3.13　Epoch 数与训练数据（小批量）之间的误差关系

3.7 总结

本章介绍了TensorFlow的基本概念，以及TensorFlow在机器学习中的使用方法。虽然我们这里讲解得是非常简单的方法，但是也可以把模型复杂化来构建高级算法。如果我们从开始学习编写这些代码，那将是很大的工程，如本章所示的很简单的模型也需要大量的代码，构建更复杂的模型还需要更多的代码。

由于后续章节中介绍的高级训练模型会变得越来越复杂，因此就需要引入TensorFlow提供的一种称为高级API的功能——允许用较少的代码编写这些高级算法。下一章将详细介绍Keras，它也是本章提到的高级API之一。

CHAPTER 4

神经网络和Keras

本章介绍如何在Keras中轻松实现神经网络的基本架构——正向传播神经网络。

4.1 感知器和Sigmoid神经元

本节将介绍神经网络的最基本形式——感知器，以及扩展感知器的Sigmoid神经元。

4.1.1 什么是感知器

在各种各样的神经网络中，最基本的就是我们所说的感知器。感知器可以由多个“输入”和一个“输出”组成，如图4.1所示。

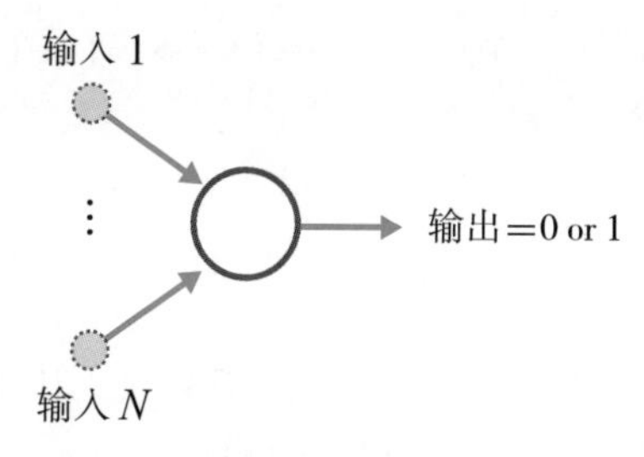

图 4.1　感知器

如果输入权重相加大于或等于适当的阈值(参考MEMO)，则输出1，否则输出0。像这样以阈值为边界输出不同值的函数称为阶跃函数，如图4.2所示。

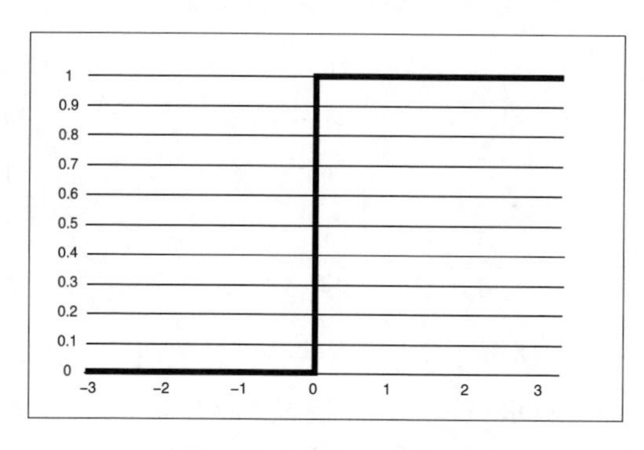

图 4.2　阶跃函数示意图

MEMO

阈值

所谓阈值，就是作为分界线的值。在阶跃函数中，会以该值为界线决定输出值为0或1。

感知器可以正确地表达线性可分离问题。线性可分离是指两种类型的点（白点和灰点）可以用直线分开，如图4.3所示。

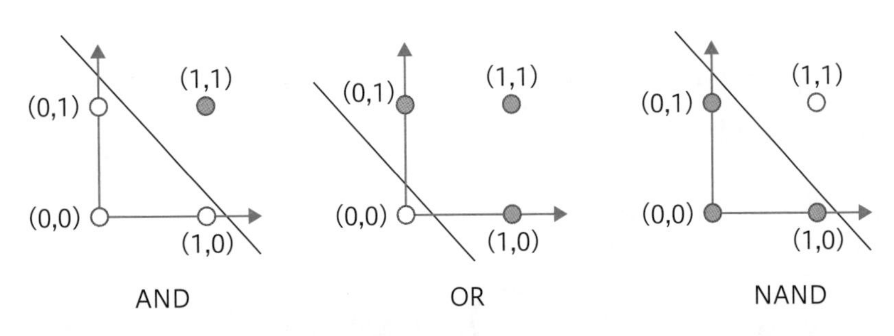

图 4.3　线性可分离问题示例（AND/OR/NAND）

另外，对于线性不可分离的问题感知器则无法很好地表达，而异或（XOR）问题则是线性不可分离问题的一个简单示例（见表4.1）。在这里，异或问题可以理解为是根据表4.1中的a和b估计a异或b的问题。XOR是指当两个输入中只有一个输入为1时，输出才为1；当两个输入都为1或都为0时，输出为0。

表4.1　XOR问题的简单示例

a	b	a XOR b
1	1	0
1	0	1
0	1	1
0	0	0

如图4.4所示，●和○不能用直线分开，表明一个感知器很难表达异或问题。然而，XOR可以通过连接多个感知器来表示，如图4.5所示。其中，AND是当两个输入都为1时输出1，否则输出0；NAND与AND

相反，当两个输入都为1时输出0，否则输出1；OR在任何输入为1时输出1，否则输出0。

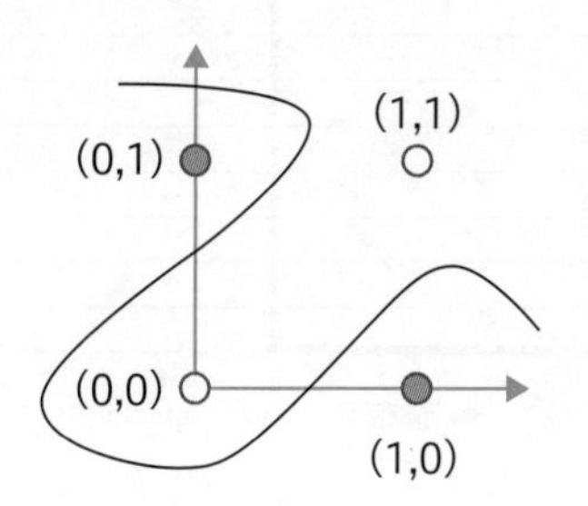

图 4.4　线性不可分离问题示例（XOR）

例如，在图4.5中，如果输入1为1，输入2为0，则NAND的输出为1，OR的输出为1，因此整体输出为1。其他输入组合见表4.1。也就是说，我们发现，即使是通过连接一个感知器无法进行线性分类的问题，也可以通过连接多个感知器表达出来。像这样将多个感知器的组合称为多层感知器（multi layer perceptron，MLP）。

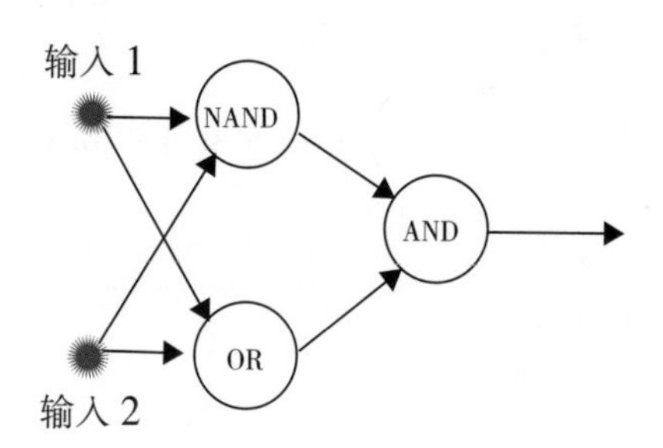

图 4.5　感知器组合图（XOR）

4.1.2　Sigmoid神经元

在感知器中使用了输出0或1的非连续函数——阶跃函数。

但是，要使用梯度法进行训练，函数所代表的曲线必须是平滑的，所以无法使用感知器进行训练。于是，使用Sigmoid函数（见图4.6）的Sigmoid神经元（又称S形神经元，见图4.7）被设计出来，Sigmoid函数是一个平滑的、连续的函数，用来代替阶跃函数。

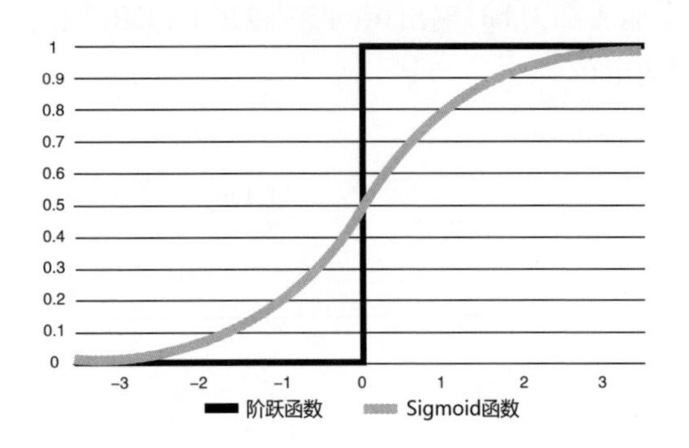

图 4.6　Sigmoid 函数与阶跃函数的曲线示意图

阶跃函数和Sigmoid函数称为激活函数。如图4.6所示，Sigmoid函数在加权输入较大或较小时取的值与阶跃函数相似，但与阶跃函数不同，它是平滑变化的，因此可以应用梯度法，并可用作神经网络的激活函数。

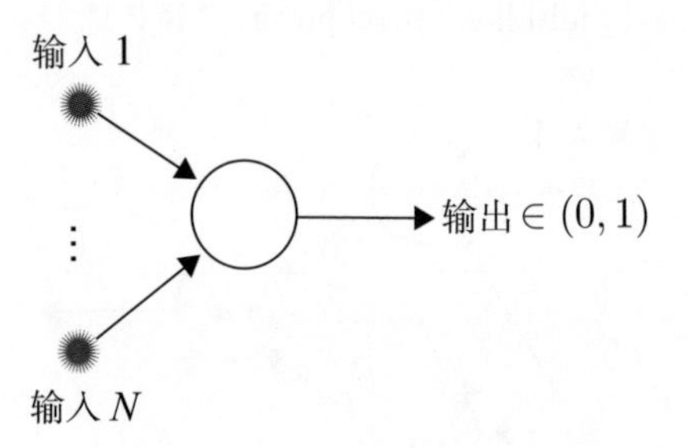

图 4.7　Sigmoid 神经元

4.2 正向传播神经网络及Keras的实现

4.1节介绍了感知器和Sigmoid神经元，它们是神经网络的基本概念。本节介绍如何在Keras中实现正向传播神经网络。

4.2.1 正向传播神经网络

4.1节介绍了神经网络的基本概念——感知器和Sigmoid神经元。本节将对包含它们的神经网络——正向传播神经网络进行说明。

正向传播神经网络是指神经元像层一样排列并且仅在相邻层之间连接的网络，输入数据仅在正向传播，而不会返回到上一层，如图4.8所示。图4.8中第一层称为输入层，最后一层称为输出层，它们之间的层称为中间层。

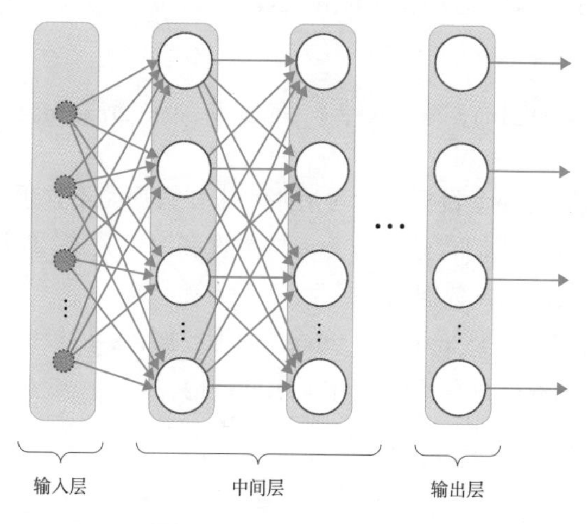

图4.8　正向传播神经网络

每个神经元接收多个输入，将这些输入加权并相加，添加一个偏置项（截距）后，并使用激活函数输出转换后的值。

前面提到的感知器和Sigmoid神经元是指激活函数的值为0或1的阶跃函数或Sigmoid函数的情况，是正向传播神经网络的一种特殊形式。

4.2.2 使用Keras实现

本小节使用TensorFlow的高级API Keras实现一个正向传播神经网络。

导入MNIST数据

这里，我们使用了一个名为MNIST的手写字符识别数据集。这个数据集是由70000个28像素×28像素手写的0~9数字字符所组成的。每个像素取一个0~255的值，表示灰度的浓淡，其中0和255分别表示黑色和白色。TensorFlow预先提供了MNIST数据集模块，以便下载数据（示例4.1）。

示例 4.1　导入数据

In

```
from tensorflow.python.keras.datasets import mnist


(x_train, y_train), (x_test, y_test) = mnist.load_data( )
```

机器学习的一个目标是学习适用于未知数据而不是手头上的数据的模型。为此，我们将数据分为训练数据和测试数据；使用训练数据构建模型；使用测试数据测试模型。

在示例4.1中，x_train和y_train是训练数据，x_test和y_test是测试数据。下载的数据具有示例4.2中所示的结构。

示例 4.2　导入数据的格式

In

```
# 查看导入数据的格式
print('x_train.shape:', x_train.shape)
print('x_test.shape:', x_test.shape)
print('y_train.shape:', y_train.shape)
print('y_test.shape:', y_test.shape)
```

Out

```
x_train.shape: (60000, 28, 28)
x_test.shape: (10000, 28, 28)
y_train.shape: (60000,)
y_test.shape: (10000,)
```

然后将输入数据进行变形，使其符合网络。在此过程中，将其变换为二维形状，然后再将其转换为浮点类型，以取0~1的值进行比例变换，如图4.9和示例4.3所示。

示例 4.3　大规模转换导入的数据

In

```
x_train = x_train.reshape(60000, 784)
x_train = x_train/255.
x_test = x_test.reshape(10000, 784)
x_test = x_test/255.
```

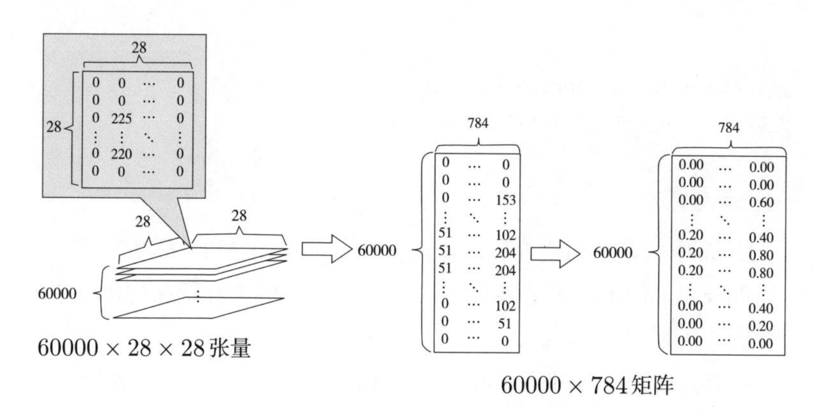

图 4.9　将形状为 60000×28×28 张量的 x_train（图左）变形为 60000×784 矩阵后（图中），再进行比例变换，取 0~1 的值（图右）

对于包含类标签的y_train和y_test，我们也要进行变换以适应网络。尤其是要将以整数形式存储的类标签转换为其中一个为1、另一个为0的向量（见图4.10）。此向量称为1-hot向量。在Keras的utils模块中，包含一些常用的函数。使用to_categorical()方法可以将标签中包含数字的向量转换为1-hot向量（示例4.4）。

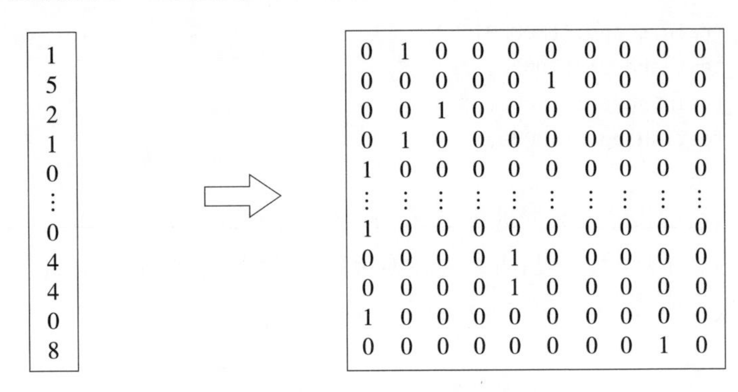

图 4.10　用 1-hot 表示 y_train 的示例

示例 4.4　更改导入的数据（类标签）以适应网络

In

```
from tensorflow.python.keras.utils import to_categorical


y_train = to_categorical(y_train, 10)
y_test = to_categorical(y_test, 10)
```

● 构建网络

Keras中的模型构建方法，包含使用Sequential API（参考MEMO）和使用Functional API的两种不同方法。本书将在4.3节介绍在构建复杂模型时更加便利的Funtional API。

本节，让我们利用Sequential API来构建多层神经网络（示例4.5）。

示例 4.5　构建模型的准备

In

```
from tensorflow.python.keras.models import Sequential


model = Sequential()
```

MEMO

Sequential API

Sequential API是在Keras中构建模型的一种方法。在Sequential API中，只需用add()方法添加准备好的层，就可以简单地构建模型。

接下来，我们使用Dense层来添加一个全连接层。全连接层是指所有输入都与所有神经元相连接的层。例如，图4.8中的每一层都是全连接层，所以需要对其进行加权输入并将其相加。Keras使用Sequential API的add()方法添加中间层（示例4.6）。

示例 4.6　添加中间层

In

```
from tensorflow.python.keras.layers import Dense


model.add(
    Dense(
        units=64,
        input_shape=(784,),
        activation='relu'
    )
)
```

在Dense层中，参数units指定神经元的数量（输出维度），input_shape指定输入张量的形式，而activation指定激活函数的类型（见图4.11）。在示例4.6中，输出维度指定为64，输入张量的形式指定为（784,），以匹配MNIST数据。

activation将激活函数应用于每个单元的输出。这里我们指定的ReLU函数的形状类似图4.12。以前经常使用Sigmoid函数，但由于已知使用ReLU函数会加快收敛速度，因此最近使用ReLU函数的情况比较多。

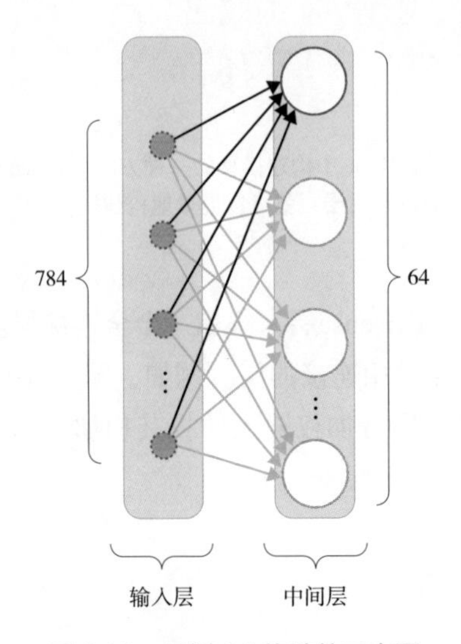

图 4.11　示例 4.6 构造的示意图

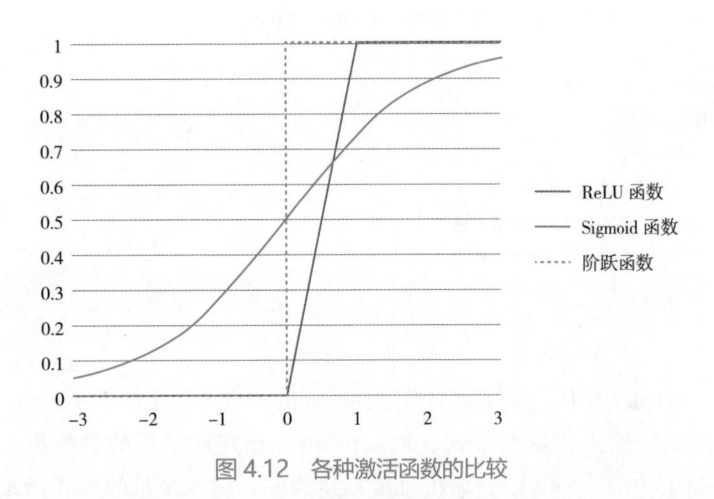

图 4.12　各种激活函数的比较

最后，通过添加另一个Dense层来添加输出层（示例4.7）。由于MNIST数据是10类，其标签为0~9的任意数字，因此我们将模型的输出维度指定为10。

第一层已将input_shape指定为输入张量的形式，第二层后的张量可以省略，因为Keras会自动计算input_shape（图4.13）。

示例 4.7　添加输出层

In

```
model.add(
    Dense(
        units=10,
        activation='softmax'
    )
)
```

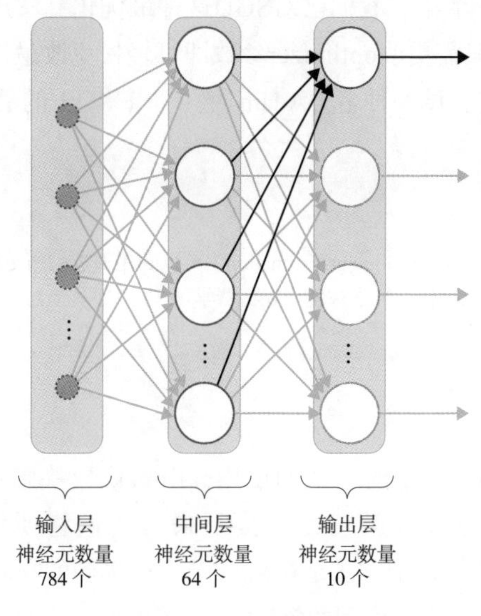

图 4.13　添加输出层

MEMO

softmax 函数

softmax函数是一个将Sigmoid函数扩展到多输出，且主要用作多分类问题的激活函数。softmax函数将每个输出值保持在[0,1]的范围内，并使用指数函数对输入值进行归一化，使输出值之和为1。

在第3.6.7小节中，损失函数使用的是实际数据和预测值之差的平方的平均值，也就是MSE，但是在MNIST等分类问题中经常使用交叉熵（参考MEMO）。

MEMO

交叉熵

交叉熵是被定义在两个概率分布之间的一个尺度。对分类问题的学习，就是为了使这个值减小。在Keras中，可以在二值分类中指定binary_crossentropy，在多值分类中指定categorical_crossentropy。

4.2.3 通过已构建的模型进行训练

在第3.6.8小节中，我们已对SGD这种最优化算法进行了学习。在Keras中，我们只需更改optimizer参数即可轻松更改最优化算法。在本小节中，我们将尝试一种名为Adam（参考MEMO）的最优化算法。

MEMO

Adam

Adam（Adaptive Moment Estimation）可以利用最近的历史梯度信息等，与SGD相比收敛更快，经常被使用在机器学习中。

● 观察训练情况

在每个Epoch学习时，我们使用callbacks模块来获取每个Epoch中损失函数的值和分类精度。接下来，我们将使用callbacks的TensorBoard方法。这个方法是在第3.5节中所提到的TensorBoard的包装器（wrap），通过指定模型的fit()方法的参数时，会自动输出模型的计算结果和损失函数的值。

示例4.8中的validation_split指定训练数据中用作验证数据的百分比。验证数据是用于测量经过训练的模型对未知数据具有多大程度预测性能的数据。例如，由于此处设置的值为0.2，因此模型将使用训练数据中的80%进行训练，并使用剩余20%的数据进行验证。

图4.14用TensorBoard显示了通过Adam对MNIST数据进行训练时的损失函数值和分类精度。其中，acc和loss分别表示所构建模型的训练数据的分类精度与损失函数的值。随着模型学习的进行，基本上acc会增加，loss会减小，但这并不一定表明所构建的模型对未知数据具有很高的预测性能。

val_acc、val_loss分别为构建模型的验证数据的分类精度和损失函数值。因为用于验证的数据在模型训练（学习）时没有使用，所以这表示了模型对未知数据的预测性能。因此，可以说val_acc越高，val_loss越低，模型的预测精度就越高。

随着Epoch数的增加，基本上acc会变高，loss会变低，但也有val_loss变高，val_acc变低的情况。这是一种称为"过拟合"的现象，表示模型过度配合训练数据，对未知数据的预测性能下降的情况。

示例 4.8　利用 Adam 学习本模型中的 MNIST 数据

In

```
from tensorflow.python.keras.callbacks import TensorBoard

model.compile(
    optimizer='adam',
    loss='categorical_crossentropy',
    metrics=['accuracy']
)
tsb=TensorBoard(log_dir='./logs')
history_adam=model.fit(
    x_train,
    y_train,
    batch_size=32,
    epochs=20,
    validation_split=0.2,
    callbacks=[tsb]
)
```

Out

```
Train on 48000 samples, validate on 12000 samples
Epoch 1/20
48000/48000 [==============================]
48000/48000 [==============================]
- 3s 57us/step - loss: 0.3332 - acc: 0.9053 -
val_loss: 0.1835 - val_acc: 0.9493

（略）

Epoch 20/20
```

```
48000/48000 [==============================]
48000/48000 [==============================]
- 3s 55us/step - loss: 0.0092 - acc: 0.9973 -
val_loss: 0.1229 - val_acc: 0.9731
```

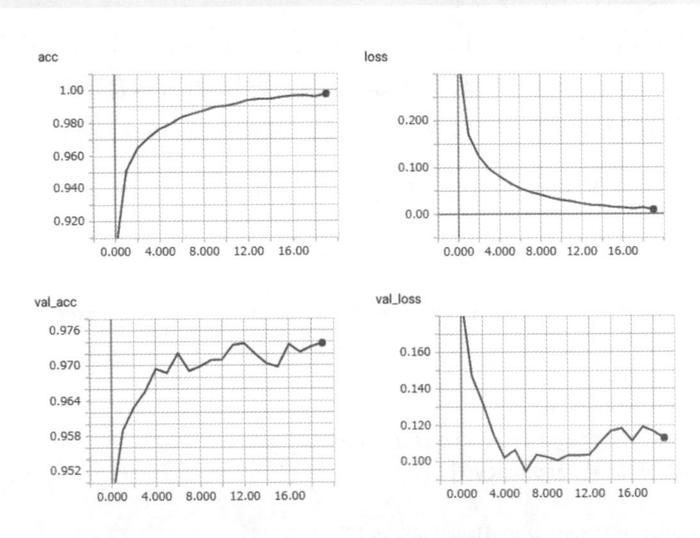

图 4.14　使用 Adam 后本模型的损失函数值和精度变化（TensorBoard 图像）

ATTENTION

关于执行model.compile 时的警告

在TensorFlow 1.5.0环境中运行model.complie时，将显示如下内容的警告，这是该版本的特有情况，并不影响正常运行。

```
WARNING:tensorflow:From（您自己的路径）/tensorflow/python/
keras/_impl/keras/backend.py:3086: calling reduce_sum
(from tensorflow.python.ops.math_ops) with keep_dims is
deprecated and will be removed in a future version.
Instructions for updating:
keep_dims is deprecated, use keepdims instead
WARNING:tensorflow:From（您自己的路径）/tensorflow/python/
keras/_impl/keras/backend.py:1557: calling reduce_mean
(from tensorflow.python.ops.math_ops) with keep_dims is
deprecated and will be removed in a future version.
Instructions for updating:
keep_dims is deprecated, use keepdims instead
```

4.3 Functional API

本节介绍Functional API，该API可以构建Sequential API无法实现的复杂模型。

在第4.2节中，我们使用Sequential API构建了模型。Sequential API非常便利，但无法编写存在多个输入和输出的复杂模型。Keras提供了一个单独的接口来构建这些复杂的模型。下面将介绍如何使用Functional API。

使用Functional API构建模型

举个例子，用Funtional API重写之前用Sequential API构建过的模型。

在示例4.9中，我们先导入必要的模块并预处理数据。这部分与使用Sequential API构建模型时没有区别，只是导入的是Model而不是Sequential。

首先，使用Functional API重写前面提到的Sequential模型。像之前一样导入需要的模块和数据，并将其转换为模型易于处理的形式。

示例 4.9　使用 Functional API 构建模型时的准备

In

```
from tensorflow.python.keras.datasets import mnist
from tensorflow.python.keras.utils import to_categorical
from tensorflow.python.keras.callbacks import TensorBoard
from tensorflow.python.keras.layers import Input, Dense
from tensorflow.python.keras.models import Model

(x_train, y_train), (x_test, y_test) = mnist.load_data()
x_train = x_train.reshape(60000, 784)
x_train = x_train/255.
x_test = x_test.reshape(10000, 784)
```

```
x_test = x_test/255.
y_train = to_categorical(y_train, 10)
y_test = to_categorical(y_test, 10)
tsb = TensorBoard(log_dir='./logs')
```

关于模型的创建，可参考示例4.10。

示例 4.10　使用 Functional API 构建模型

In

```
input = Input(shape=(784, ))
middle = Dense(units=64, activation='relu')(input)
output = Dense(units=10, activation='softmax')(middle)
model = Model(inputs=[input], outputs=[output])
```

Sequential API通过添加层构建模型。实际上，Functional API同样可以使用相同的层对象，并通过为下一层参数提供张量来构建模型。

例如，这里我们先为input变量创建张量。然后，将input传递给中间层的Dense参数，创建名为middle这个变量的张量。最后，通过将middle传递给输出层的Dense参数，创建名为output这个变量的张量。Functional API通过指定Model类的参数、input为输入张量、output为输出张量来构建模型。

由于这样生成的模型与使用Sequential API生成的模型类似，因此仍然可以使用compile()和fit()方法。模型的编译与学习，也与Sequential API一样（示例4.11、4.12）。

示例 4.11　模型构建后的编译示例

In

```
model.compile(
    optimizer='adam',
    loss='categorical_crossentropy',
    metrics=['accuracy']
)
```

示例 4.12　　学习 MNIST 数据集

In

```
model.fit(
    x_train,
    y_train,
    batch_size=32,
    epochs=20,
    callbacks=[tsb],
    validation_split=0.2
)
```

从示例4.10中Model的参数有inputs和outputs的复数形式这一点可以推测，使用Functional API的模型，即使有多个输入和输出，也可以构建模型。我们将在应用篇中介绍这种网络的构建方法。

4.4 总结

本章介绍了感知器和Sigmoid神经元，并着重介绍了使用Keras构建正向传播型神经网络的方法——首先使用Sequential API构建了简单模型，然后使用可构建复杂网络的Functional API构建了同样的网络。在第2部分应用篇中，我们将使用Functional API构建更复杂的模型。

在第5章中，我们将探讨CNN，CNN是图像处理中不可或缺的存在。在学习CNN的过程中，本章未涉及的卷积层和池化层将会登场。

CHAPTER 5

利用Keras实现CNN

本章将学习CNN的概念，以及在Keras中如何实现CNN的简单示例。

5.1 CNN 概述

本节介绍CNN及其特征层——卷积层和池化层。

5.1.1　输入图像大小和参数数量

在第4章中，我们用Keras实现了多层感知器（MLP）。当时处理的MNIST数据集是尺寸为28像素×28像素的单色图像，而在MLP中，对第一层的每个神经元有784个输入。由于每个输入都有权重，因此必须优化包括偏置在内的785个参数。而且神经元数量也是如此。本小节将介绍CIFAR-10数据集。CIFAR-10是32×32×3（垂直为32，水平为32，颜色通道数为3）的彩色图像，因此第一层神经元的输入数为32×32×3=3072。不过我们认为，在现实中有时会需要处理更大的图像。例如，200×200×3（垂直为200，水平为200，颜色通道数为3）大小的数据，它的输入数量将变为120000，所以对于MLP，图像越大，需要优化的参数数量越多。

本章介绍的卷积神经网络（CNN）则可利用图像的输入数据的性质来减少参数的数量，一个简单的CNN结构如图5.1所示。

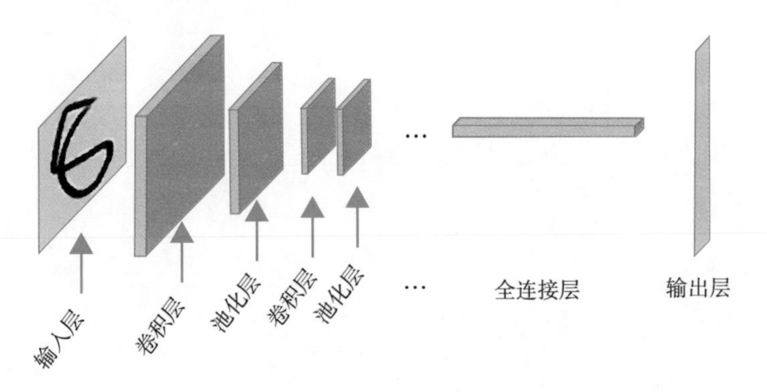

图 5.1　简单的 CNN 结构

5.1.2 卷积层与池化层

CNN最大的特点是卷积层和池化层的重复。

卷积层是指将内核（过滤器）应用于图像，并提取图像特征量的层。由于需要优化的权重参数的数目取决于过滤器的大小而不是图像的大小，因此与MLP不同的是，参数数目不会随着图像大小的增加而增加。池化层是指缩小图像的层，起到了对小的位置变化进行鲁棒性调整的作用。

卷积层

下面来具体看看卷积层的行为。卷积层将一个被称为内核的小矩阵（或张量）滑动并应用到输入数据。为了便于想象，假设在图5.2中给出了输入数据和内核，让我们观察一下这个行为。

输入数据

0	1	1	0	1
0	0	1	1	0
0	0	1	1	1
0	1	0	0	0
1	0	1	1	0

内核

0	1	0
−1	0	1
0	−1	0

图 5.2　输入数据（左）和内核（右）

首先，内核被应用于输入数据的左上角。计算图5.3中蓝色部分与相应内核元素的乘积和，结果如图5.4所示。

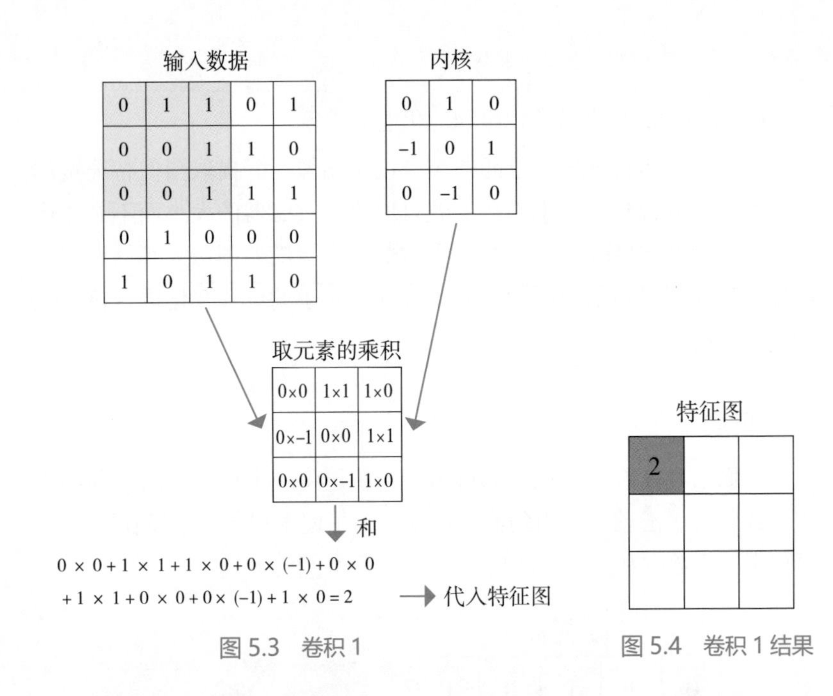

图 5.3 卷积 1

图 5.4 卷积 1 结果

然后，将蓝色部分偏移一个单位，并进行相同的操作，如图5.5和图5.6所示。

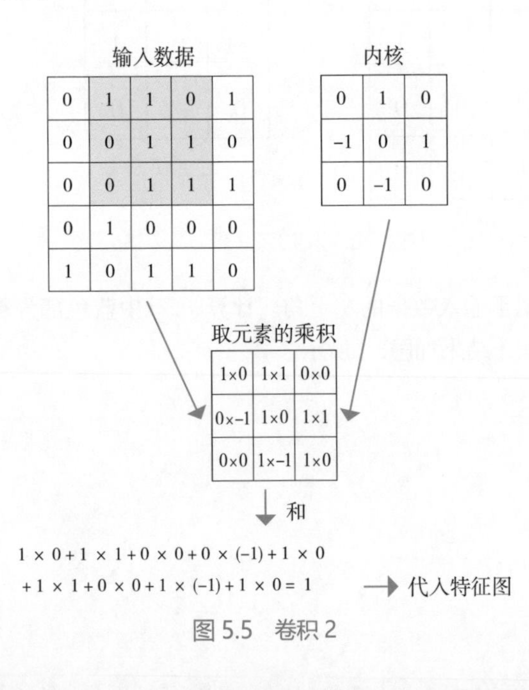

图 5.5 卷积 2

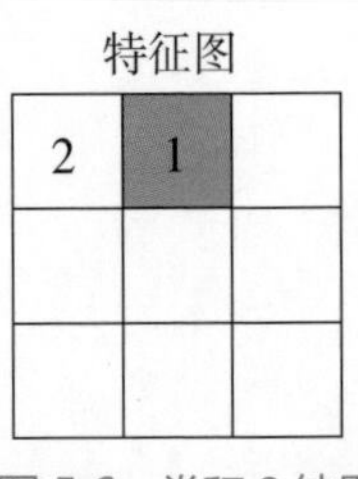

图 5.6 卷积 2 结果

重复上述操作，可以得到如图5.7所示的输出结果。这张图称为特征图。

如上所述，在MLP中，输入数据的大小越大，权重参数的数量就越大。但是，这也揭示了在卷积层中即使输入数据的增多导致特征图的增大，却不会改变内核的大小，即权重参数的数量。

2	1	-2
0	2	1
0	-1	0

图 5.7　特征图（最终卷积后的结果）

MEMO

输入/输出通道数和参数数量

在这个例子中，输入/输出是一个通道，但是在实际的卷积层中，输入/输出几乎都是多个通道。

卷积层的权重参数数量取决于输入/输出通道的数量。以彩色图像为例，当我们希望由3个通道组成的输入数据，输出时由6个通道组成时，权重参数数量为3×3×3×6（内核大小×输入通道的数量×输出通道的数量），此时参数数量是单通道卷积层权重参数数量的18倍。

池化层

接下来，让我们看一看池化层。池化层有多种类型，最常用的最大池化通过将输入数据划分为一个较小的区域并获取每个区域的最大值来缩小数据，如图5.8所示。由于数据被缩小降低了计算成本，并且最大池化忽略了每个区域中的位置差异，因此可以构建出针对较小位置变化的更稳健的模型。

2	-1	-2	1
-2	2	2	-2
1	0	2	1
0	-1	-2	-2

→

2	2
1	2

图 5.8　划分为 4 个 2×2 区域（左）和使用最大池化后的结果（右）

5.2 基于Keras实现CNN

本节将介绍如何在Keras中实现CNN。

5.2.1 CIFAR-10数据集

在用Keras实现CNN前，先准备好数据集，这里使用CIFAR-10数据集。CIFAR-10是由60000张图像组成的数据集，如图5.9所示。该数据集分为50000张训练用数据和10000张测试用数据。每个图像都有10个类标签，包括airplane、automobile、bird、cat、deer、dog、frog、horse、ship和truck。

图5.9　CIFAR-10数据集

出处 The CIFAR-10 dataset

URL https://www.cs.toronto.edu/~kriz/cifar.html

5.2.2 导入样本数据

首先导入数据（示例5.1）。与第4章中的MNIST相似，在首次导入时会自动从Internet下载数据。

示例 5.1　导入数据

In

```
from tensorflow.python.keras.datasets import cifar10
(x_train, y_train), (x_test, y_test) = cifar10.load_data( )
```

5.2.3　设置数据格式

检查导入数据的大小（示例5.2），所以像第4章一样，我们可以对数据进行整形，以便模型可以轻松地处理它（示例5.3）。

示例 5.2　检查导入数据的大小

In

```
# 检查数据大小
print('x_train.shape :', x_train.shape)
print('x_test.shape :', x_test.shape)
print('y_train.shape :', y_train.shape)
print('y_test.shape :', y_test.shape)
```

Out

```
x_train.shape : (50000, 32, 32, 3)
x_test.shape : (10000, 32, 32, 3)
y_train.shape : (50000, 1)
y_test.shape : (10000, 1)
```

示例 5.3　数据缩放和类标签 one-hot 向量化

In

```
from tensorflow.python.keras.utils import to_categorical


# 特征量的归一化
x_train = x_train/255.
x_test = x_test/255.

# 类标签的one-hot向量化
y_train = to_categorical(y_train, 10)
y_test = to_categorical(y_test, 10)
```

5.2.4 添加卷积层

与第4.2.2节一样，Sequential API用于构建网络（示例5.4）。

示例 5.4　准备构建模型

In

```
from tensorflow.python.keras.models import Sequential


model = Sequential()
```

在第4章的MLP中，我们在构建网络时使用了Dense层，但作为CNN的一个基础示例，我们在卷积层中使用Conv2D层（示例5.5）。

示例 5.5　添加卷积层

In

```
from tensorflow.python.keras.layers import Conv2D


model.add(
    Conv2D(
        filters=32,
        input_shape=(32, 32, 3),
        kernel_size=(3, 3),
        strides=(1, 1),
        padding='same',
        activation='relu'
    )
)

model.add(
    Conv2D(
        filters=32,
        kernel_size=(3, 3),
        strides=(1, 1),
        padding='same',
        activation='relu'
    )
)
```

现在，我们添加了两个Conv2D层。 Conv2D层具有各种参数，filters为输出通道数（特征图数）；kernel_size表示上述内核的大小，可见3 × 3和5 × 5等这类奇数 × 奇数的正方形居多。

strides指定内核偏移的宽度。例如，如果strides为2，则内核将一次移动两个步幅（见图5.10）。 与strides为1时相比，最终生成的特征图变小，这里图5.10最终生成2 × 2的特征图。而在图5.3~图5.7的示例中，因为内核一次移动一个步幅，所以strides为1，最终生成了3 × 3的特征图。

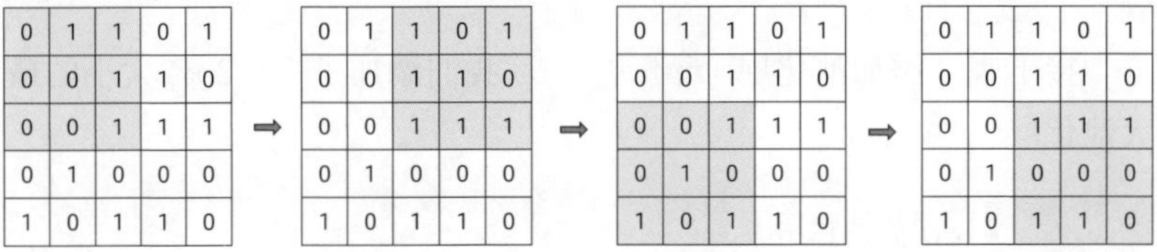

0	1	1	0	1
0	0	1	1	0
0	0	1	1	1
0	1	0	0	0
1	0	1	1	0

➡

0	1	1	0	1
0	0	1	1	0
0	0	1	1	1
0	1	0	0	0
1	0	1	1	0

➡

0	1	1	0	1
0	0	1	1	0
0	0	1	1	1
0	1	0	0	0
1	0	1	1	0

➡

0	1	1	0	1
0	0	1	1	0
0	0	1	1	1
0	1	0	0	0
1	0	1	1	0

图 5.10　strides=2 时内核移动

Padding指定如何处理数据边缘。从图5.3~图5.7可以看出，应用卷积会使尺寸稍微变小。但是，根据模型的用途，很多情况下可能不希望更改输入和输出的大小。这时，可以在输入数据周围填充0（零填充），然后应用卷积，如图5.11所示。

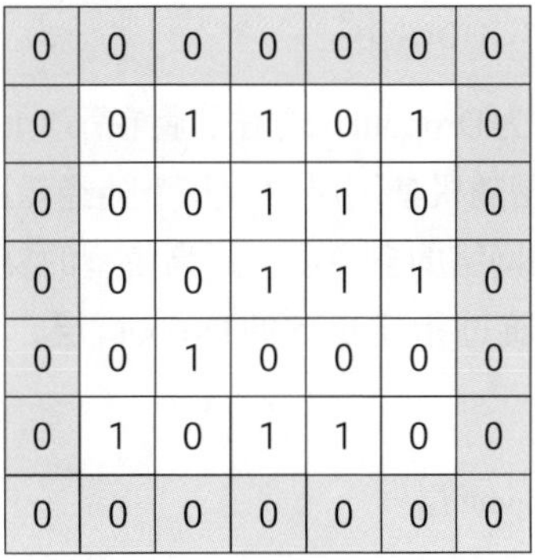

0	0	0	0	0	0	0
0	0	1	1	0	1	0
0	0	0	1	1	0	0
0	0	0	1	1	1	0
0	0	1	0	0	0	0
0	1	0	1	1	0	0
0	0	0	0	0	0	0

图 5.11　零填充的示例

因此，如果我们希望使用零填充来均衡输入和输出的大小，请指定padding='same'（见图5.12）。如图5.3~图5.7所示，如果不是零填充，则指定padding='valid'。

1	1	-2	-1	0
0	2	1	-2	-1
0	0	2	1	-1
0	0	-1	1	1
0	1	1	-1	-1

图 5.12　padding='same' 时的卷积结果

5.2.5　添加池化层

接下来，添加池化层（示例5.6）。我们添加了一个2 × 2大小的最大池化层。

示例 5.6　添加池化层

In

```
from tensorflow.python.keras.layers import MaxPooling2D


model.add(MaxPooling2D(pool_size=(2, 2)))
```

5.2.6　添加 Dropout 层

另外，有一种称为Dropout的方法，将在第7.1.2小节中详细介绍。众所周知，Dropout是随机禁用层中的几个神经元进行训练，通过抑制参数多、表现力强的网络的自由度，提高模型的鲁棒性。

在示例5.7中，通过指定0.25的Dropout层，在训练时随机禁用25%的神经元。

示例 5.7　添加 Dropout 层

In

```
from tensorflow.python.keras.layers import Dropout


model.add(Dropout(0.25))
```

5.2.7 添加卷积层和池化层

我们知道，在深度学习中每堆叠一层，表现力就会提高，因此这里我们还要增加卷积层和池化层（示例5.8）。

示例 5.8　添加卷积层和池化层

In

```
model.add(
    Conv2D(
        filters=64,
        kernel_size=(3, 3),
        strides=(1, 1),
        padding='same',
        activation='relu'
    )
)
model.add(
    Conv2D(
        filters=64,
        kernel_size=(3, 3),
        strides=(1, 1),
        padding='same',
        activation='relu'
    )
)
model.add(MaxPooling2D(pool_size=(2, 2)))
model.add(Dropout(0.25))
```

5.2.8 添加全连接层

最后，添加全连接层。但是，卷积层和池化层的输出格式不同，不能直接输入到全连接层。首先，我们来看一看添加池化层后模型的输出格式（示例5.9）。

示例 5.9　添加池化层后模型的输出格式

In

```
model.output_shape
```

Out

```
(None, 8, 8, 64)
```

可以看到，池化层的输出是一个四维张量（数据数、纵向、横向、通道数）。另外，在全连接层中，只能输入二维张量。因此，我们添加了一个Flatten层，该层可以将多维张量压缩为二维张量（示例5.10）。

示例 5.10　添加 Flatten 层

In

```
from tensorflow.python.keras.layers import Flatten


model.add(Flatten())
model.output_shape
```

Out

```
(None, 4096)
```

添加全连接层，代码如示例5.11所示。

示例 5.11　添加全连接层

In

```
from tensorflow.python.keras.layers import Dense


model.add(Dense(units=512, activation='relu'))
model.add(Dropout(0.5))
model.add(Dense(units=10, activation='softmax'))
```

5.2.9　训练模型

现在，让我们编译已经构建的模型并开始学习（示例5.12）。

示例 5.12　将创建的模型应用于数据

In

```
from tensorflow.python.keras.callbacks import TensorBoard

model.compile(
    optimizer='adam',
    loss='categorical_crossentropy',
    metrics=['accuracy']
)
tsb = TensorBoard(log_dir='./logs')
history_model1 = model.fit(
    x_train,
    y_train,
    batch_size=32,
    epochs=20,
    validation_split=0.2,
    callbacks=[tsb]
)
```

Out

```
Train on 40000 samples, validate on 10000 samples
Epoch 1/20
40000/40000 [==============================] -
8s - loss: 1.6051 - acc: 0.4121 - val_loss:
1.2061 - val_acc: 0.5652

（略）

Epoch 20/20
 7488/40000 [====>.........................] -
ETA: 5s - loss: 0.4197 - acc: 0.8486
```

使用TensorBoard方法输出模型的预测结果和损失函数的值，如图5.13所示。

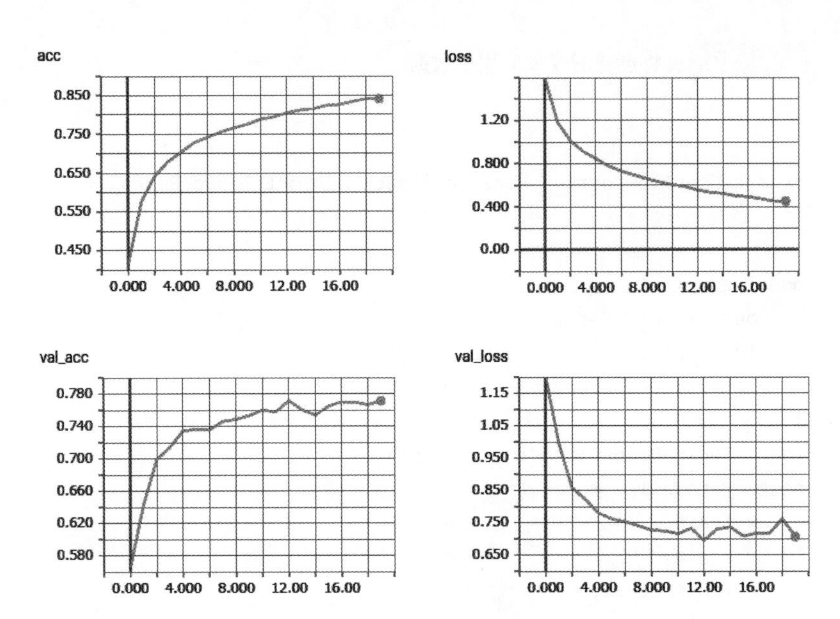

图 5.13　在 CNN 中学习 CIFAR-10 的结果

从图5.13可以看出，随着学习的深入，acc增加，loss减少。此外，val_acc增加，val_loss减少，这表明模型正在学习而不会过度学习。

5.3 总结

本章介绍了CNN的主要特征——卷积层和池化层，并在Keras中构建了CNN模型来解决分类问题。本章虽然仅构建了一个简单的模型，但是通过这个模型能够为CIFAR-10数据集实现70%或更高的精度。

多年来，图像分类问题一直是计算机难以解决的典型问题，但CNN正在解决这一问题。另外，CNN不仅可以解决图像的分类问题，还作为解决物体检测、分割、画风变换等各种任务的网络结构而被广泛利用。在第2部分的应用篇中，我们将讨论处理图像分类问题以外的任务。

下一章将介绍如何使用Sequential API重新使用以前学习过的模型，以及如何重新学习和使用其中的一部分。

CHAPTER 6 预训练模型的使用

本章介绍预训练模型的概念及其使用方法。

6.1 预训练模型的使用价值

深度学习模型是非常易于使用且精度高的模型，但是从零开始构建复杂模型可能会非常耗费精力。本节将讨论从零开始构建模型的障碍，然后解释什么是预训练模型及其使用价值。

6.1.1 建立深度学习模型时遇到的障碍

正如我们在第5章中所体验到的，如果类型简单，建立一个深度学习模型则相对容易。但是，将深度学习应用于实际任务时通常需要更复杂的模型，如使用彩色或高分辨率图像的分类问题、要分类的类别数量增加及需要高精度的情况。

通常，随着模型越来越复杂，在模型构建中就会面临一些挑战。例如，当构建分类类别多、高精度分类模型时，就需要大量的训练用图像和正确答案标签。虽然可以通过下载像MNIST这样已经维护和发布过的图像数据集轻松地开始训练，但是，如果没有连贯的数据集，则必须手动创建训练数据。而创建成千上万的训练数据需要大量的精力。

另外，当尝试使用高分辨率图像对微小差异进行分类时，网络的规模一般会很大，这需要计算资源和训练的时间，通常在高性能GPU上要运行数小时甚至数天。

归结起来，建立深度学习模型时的主要障碍如下。

- 收集大量的训练数据。
- 计算资源和计算时间的需求。
- 模型调整及试错的成本。

一般认为，这些是作为深度学习应用时的难题。为了降低障碍，一直都有各种各样的研究在进行着。本章将介绍如何利用预训练模型（**Pre-trained Model**）作为解决难题的一种简单而有力的方法。

6.1.2 什么是预训练模型

预训练模型是一种深度学习模型，该模型已在某些任务中预先学习了相当的权重。特别是由大学和企业的研究小组提出的预训练模型，因为使用了最新的网络结构，可以实现很高的准确率。此外，由于这些模型是在大型图像数据集上训练的，因此当应用于日常生活中常见的图像分类任务时，它们既可以用作准确性类别，也可以用作所需的分类类别。借助预训练模型可以轻松解决问题，而无须从头开始构建深度学习模型，用非常少的精力就能解决问题。自己跳得再高，也不如站在巨人的肩膀上，灵活运用前人的努力和智慧是强大的“利器”。

6.1.3 ImageNet图像数据集

ImageNet是被广泛作为预训练模型训练数据的图像数据集之一，如图6.1所示。ImageNet是为了研究目的而收集的大型图像数据集。ImageNet也指管理和操作这些图像的项目名称，包括图像收集、添加注释作为正确答案标签以及进行测验等。

ImageNet包括典型的分类和图像（如动物、植物和车辆），因此，如果仅使用此预训练模型，便可以对猫和狗的分类任务进行高精度分类处理。另外，即使图像不包括在学习过的类别分类中（如某种产品的商标），通过重新学习模型的一部分即可解决。与从头开始构建模型相比，采用这种方式，仅用非常小的工作量即可构建出高精度的模型。

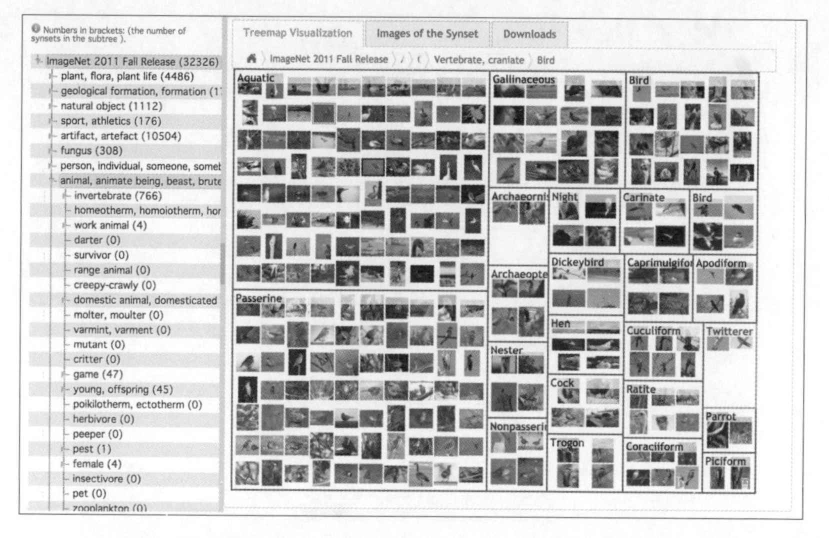

图 6.1　使用 ImageNet 图像搜索功能搜索 bird 的结果

URL　http://image-net.org/

每年都会举办一场名为ILSVRC（ImageNet Large Scale Visual Recognition Challenge）的图像识别竞赛，该竞赛使用ImageNet图像数据集。在ILSVRC中，参赛者就图像分类和目标检测等各种大型图像识别任务的精确度进行竞争，排名靠前的技术每年都受到极大的关注。著名的学习模型主要都是在ILSVRC中表现优异的模型。在本章中实际使用的VGG16这一预训练模型是由牛津大学的VGG（Visual Geometry Group）研究小组提出的，它就是在2014年ILSVRC竞赛中取得良好成绩的模型。

VGG16码网络结构如图6.2所示，这看起来是一个复杂而庞大的模型，但如果仅将其用于预训练模型，则不一定要了解所有的结构。

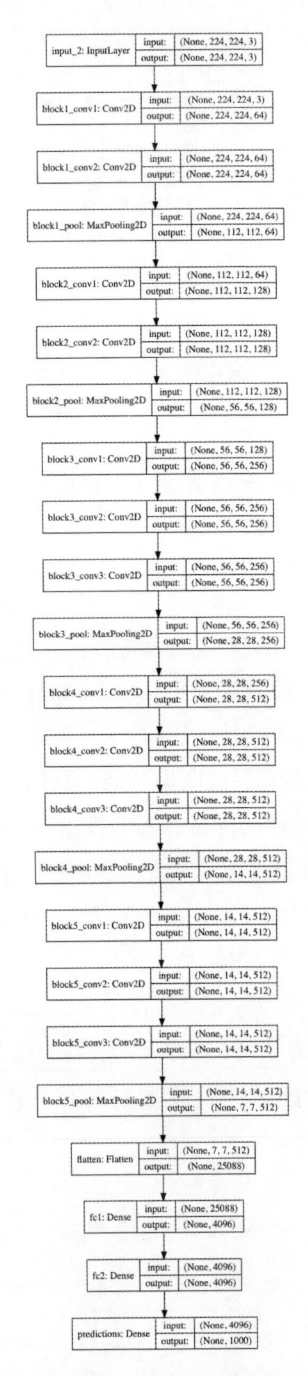

图 6.2　VGG16 网络配置

 6.1.4 Keras提供的预训练模型

VGG16等典型的预训练模型可以通过Keras等深度学习库轻松调用和使用，如表6.1所示。使用Keras，可以用两行代码调用和使用预训练模型，如示例6.1所示。但是，在第一次调用时，从Web下载模型信息（网络结构和权重）需要几分钟的时间。

示例 6.1 调用预训练模型的示例

In

```
from tensorflow.python.keras.applications.vgg16 import VGG16

# 首次调用需要较长时间，因为在首次调用时需要下载模型
"model = VGG16()"
```

表6.1 可从Keras调用的预训练模型（截至2018年3月）

模型名	上传者	训练数据	特征
VGG16	VGG	ImageNet	该模型在2014年的ILSVRC上取得了优异成绩，它有16层隐藏层，结构简单，经常被使用。当时16层被认为是非常深的层
VGG19	VGG	ImageNet	19层VGG16隐藏层
InceptionV3	Google	ImageNet	该模型在2014年赢得了ILSVRC分类问题方向的冠军，它的特点是引入了Inception模块，并有22个隐藏层。Inception模型的早期版本也称为GoogleNet
Xception	Google	ImageNet	该模型是由Keras（François Chollet）的创建者提出的模型，是Inception模型的改进版本。通过分离通道方向上的卷积和空间方向上的卷积，提高了准确性，并减少了计算量
ResNet50	Microsoft Research	ImageNet	2015年在ILSVRC的分类问题、物体检测部门优胜的模型。通过引入Residual块来进行残差学习，可以实现更深层次的结构

6.2 无需训练即可直接使用

预训练模型的使用方法大致可以分为直接使用和一部分重新学习再使用两种。本节将介绍应用案例和具体方法。

6.2.1 直接使用模型

让我们考虑一下使用预训练模型的各种可能。如果要分类的图像是ImageNet中的图像类，则可以按原样使用VGG16模型。具体来说，这个任务就是如何从图像中判别狗和猫。

由于狗和猫包含在训练数据集（ImageNet）中，VGG16已经使用大量的图像训练了这些特征。在这种情况下，不需要新的训练，只需将想要分类的图像直接输入到训练过的模型中，输出预测结果，就可以计算输入图像是狗还是猫的概率。

6.2.2 导入模型

首先，导入模型VGG16，其中包含预训练的权重参数（示例6.2）。

示例 6.2　导入 VGG16 模型

In

```
from tensorflow.python.keras.applications.vgg16 import VGG16


# 首次调用需要较长时间，因为在首次调用时需要下载模型
model = VGG16( )
```

查看导入的模型摘要，则会发现输入层的大小为224×224，输出层的大小为1000。输出层的大小表示对一个图像的输入/输出的值。VGG16为每个图像输出1000个类别的分类概率（示例6.3输出结果❶）。

示例 6.3　查看模型摘要

In

```
# 查看模型摘要。 输入层大小为224 × 224，输出层为输出1000个类别的概率
model.summary()
```

Out

```
_________________________________________________________________
Layer (type)                 Output Shape              Param #
=================================================================
input_1 (InputLayer)         (None, 224, 224, 3)       0
_________________________________________________________________
block1_conv1 (Conv2D)        (None, 224, 224, 64)      1792
_________________________________________________________________
block1_conv2 (Conv2D)        (None, 224, 224, 64)      36928
_________________________________________________________________
block1_pool (MaxPooling2D)   (None, 112, 112, 64)      0
_________________________________________________________________
（略）
_________________________________________________________________
block5_conv1 (Conv2D)        (None, 14, 14, 512)       2359808
_________________________________________________________________
block5_conv2 (Conv2D)        (None, 14, 14, 512)       2359808
_________________________________________________________________
block5_conv3 (Conv2D)        (None, 14, 14, 512)       2359808
_________________________________________________________________
block5_pool (MaxPooling2D)   (None, 7, 7, 512)         0
_________________________________________________________________
flatten (Flatten)            (None, 25088)             0
_________________________________________________________________
fc1 (Dense)                  (None, 4096)              102764544
_________________________________________________________________
fc2 (Dense)                  (None, 4096)              16781312
_________________________________________________________________
```

```
predictions (Dense)              (None, 1000)❶       4097000
=================================================================
Total params: 138,357,544
Trainable params: 138,357,544
Non-trainable params: 0
_________________________________________________________________
```

6.2.3 准备要输入的图像

下面加载要分类的图像。在导入时，将其大小调整为VGG16的输入大小，即224 × 224（示例6.4）。导入图像文件的内容是狗和猫。

示例 6.4 确认输入图像

In

```
from tensorflow.python.keras.preprocessing.image import load_img


# 加载图像。load_img()允许在加载时调整图像大小，这里将图像大小调整为
# VGG16的输入大小224 x 224
img_dog = load_img('img/dog.jpg', target_size=(224, 224))
img_cat = load_img('img/cat.jpg', target_size=(224, 224))
```

In

```
img_dog
```

Out

出处 Open Images Dataset V3

URL https://github.com/openimages/dataset/

In

```
img_cat
```

Out

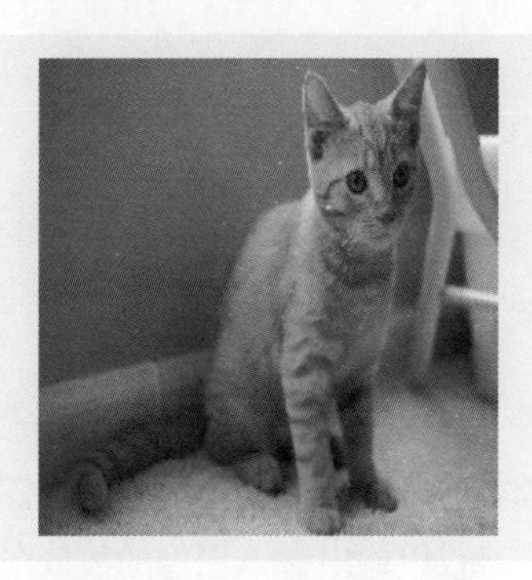

出处 Open Images Dataset V3

URL https://github.com/openimages/dataset/

使用load_img()方法导入的图像采用名为Pillow的图像库中的数据格式，因此无法按原样输入到模型中。在输入模型时，使用img_to_array()函数将图像转换为numpy.ndarray，因为它需要表现为常规数据（示例6.5）。然后应用preprocess_input()函数将VGG16的输入值转换为合适的值。 此函数执行一个名为中心化的过程，该过程从学习图像的输入值中减去图像的平均值，然后将平均值转换为0，并更改颜色通道的顺序（RGB→BGR）。这是将输入数据转换为与VGG16学习时的数据相同状态的预处理（示例6.6）。

示例 6.5　转换为常规数据

In

```
from tensorflow.python.keras.preprocessing.image import
img_to_array


# load_img()导入的图像为图像库Pillow中的数据格式，因此不能直接使用
# 转换为numpy.ndarray，以将其视为常规数据
arr_dog = img_to_array(img_dog)
arr_cat = img_to_array(img_cat)
```

示例 6.6　对 VGG16 应用预处理

In

```
from tensorflow.python.keras.applications.vgg16 import preprocess_input


# 将每个图像通道中心化并将RGB转换为BGR
# 将图像转换为与VGG16模型预学习时相同的状态
arr_cat = preprocess_input(arr_cat)
arr_dog = preprocess_input(arr_dog)
```

接下来，分别读取一张狗和猫的图像，共计两张图像，将两张图像合并到一个数组中，以供批量输入（示例6.7）。一般在深度学习的模型中，经常一并输入多个图像，且仅以输出/输入图像的数量作为结果的情况较多。

示例 6.7　将两张图像合并

In

```
import numpy as np


# 典型的分类模型可以一次输入多个图像和数据，并输出与其数量相同的结果
# 将狗和猫的图像合并为包含两个图像的数组输入数据
arr_input = np.stack([arr_dog, arr_cat])
```

In

```
# 检查输入数据的shape
print('shape of arr_input:', arr_input.shape)
```

Out

```
shape of arr_input: (2, 224, 224, 3)
```

6.2.4　预测

将图像数据传递给模型的predict()方法，以计算预测结果（示例6.8）。作为预测结果，返回一个值，其中每个类别的概率由1000维向量表示。因为我们传递了两个图像作为输入，所以输出的是2×1000的二维数组。

示例 6.8　计算预测结果

In

```
# 计算预测值(概率)
# 输出2×1000的二维数组
probs = model.predict(arr_input)

# 检查预期的shape
print('shape of probs:', probs.shape)

# 查看预测值
probs
```

Out

```
shape of probs: (2, 1000)

array([[  1.32600644e-06,   2.62986930e-07, ➡
1.91362659e-07, ...,
          3.42859011e-07,   4.29218608e-06, ➡
4.36779592e-05],
       [  6.15859051e-07,   6.24306767e-06, ➡
2.18504510e-06, ...,
          6.70361999e-07,   1.70821237e-04, ➡
7.09133875e-03]], dtype=float32)
```

1000个类别的概率无法确定类名，因此使用decode_predictions()函数将结果转换为类名，并显示前5个类名（示例6.9）。

示例 6.9　获取图像预测结果

In

```
from tensorflow.python.keras.applications.vgg16 import
decode_predictions


# 因为预测结果只返回1000个类别的概率
# 由类名决定
# decode_predictions()转换为易于理解的结果
# 显示前5位
results = decode_predictions(probs)
```

根据狗的图像预测，其大约有58%的概率是“Rhodesian_ridgeback”（一种犬种）。从输出结果可以看出，模型大致能正确分类（示例6.10）。

示例 6.10　狗图像的预测结果

In

```
# 显示狗的图像结果（前5位）
results[0]
```

Out

```
[('n02087394', 'Rhodesian_ridgeback', 0.58250087),
 ('n02090379', 'redbone', 0.13647178),
 ('n02099601', 'golden_retriever', 0.058095165),
 ('n02088466', 'bloodhound', 0.055783484),
 ('n02106662', 'German_shepherd', 0.039084755)]
```

在猫图像的预测结果中，tiger_cat的概率最高，预测正确的概率较低，但相似的特征都集中在顶部（示例6.11）。

示例 6.11　猫图像的预测结果

In

```
# 显示猫的图像结果（前5位）
results[1]
```

Out

```
[('n02123159', 'tiger_cat', 0.29868495),
 ('n02124075', 'Egyptian_cat', 0.2532374),
 ('n02123045', 'tabby', 0.16191158),
 ('n02127052', 'lynx', 0.06016453),
 ('n04265275', 'space_heater', 0.024290893)]
```

像这样，在使用学习过的模型进行预测时，只要调用模型，使用predict()方法就可以很容易地获取每个类别的概率。正如预测结果所示，作为ImageNet中包含的1000个级别的粒度，对于狗来说，是包括犬种等在内的详细分类。因此，实际上按照“狗”“猫”等更大的粒度进行分类时，有必要在总结预测概率等方面下功夫。另外，如果想对不包含在1000个类别中的图像进行分类时，需要进行迁移学习。

6.3 总结

在本章中，关于使用预训练模型的方法，我们学习了“不训练而直接使用”这种方法。另外，关于预训练模型还可以“使其重新学习后再使用”——即迁移学习，特别赠送了电子版的相关案例（读者可在下载的资源中找到相关文档），案例中介绍的实例并不复杂，所以使用预训练模型的情况和从头开始训练模型的结果可能没有太大差别。但是在复杂的任务中，预训练模型则会显得有效很多，甚至可以在实际工作中适用于各种场景。在第11章将介绍的画风转换中，预训练模型以不同的方式被活用，我们可以直观感觉到其广泛的用途。通过这几章内容，我们已经学习了深度学习的基本机制和典型网络结构。因此，我们将在应用篇介绍常用的功能。

CHAPTER 7

常用的Keras功能

作为承上启下的一章，本章是基础篇总结和应用篇的准备。本章将介绍在此前章节中没有提到的其他实用技术，以及它们基于Keras的操作方法。学习本章后，就能顺利理解本书的后半部分内容。

7.1 关于Keras层对象

下面介绍经常使用的Keras层。

7.1.1 Keras层

Keras将神经网络中常用的组件作为具有通用接口的对象提供给一个名为Keras的层，用户可以通过堆叠这些层来轻松地构建网络。

7.1.2 Dropout层

Dropout层提供禁用网络中某些设备的功能（见图7.1）。这降低了多参数、高表达网络的自由度，防止了过度学习，提高了最终测试数据的准确性。Dropout是以简单的结构提高精度的强有力的方法之一。随机选择一定百分比（rate）的输入数据，并将其值设置为0，从而禁用设备（示例7.1）。

在Keras中，可以通过添加Dropout层来使用Dropout功能。但是请注意，过度地使用Dropout层可能会导致学习不足或学习速度下降。

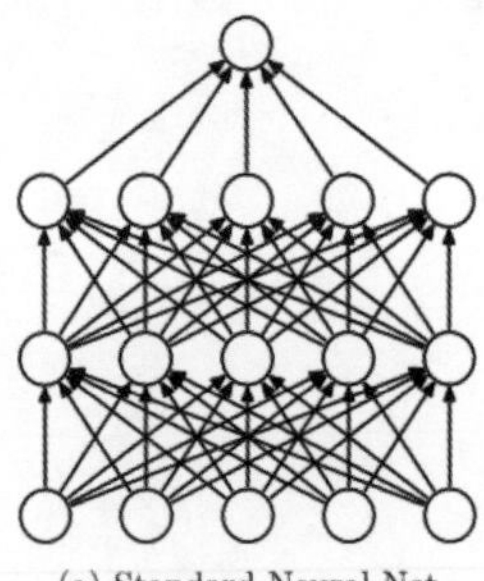

(a) Standard Neural Net

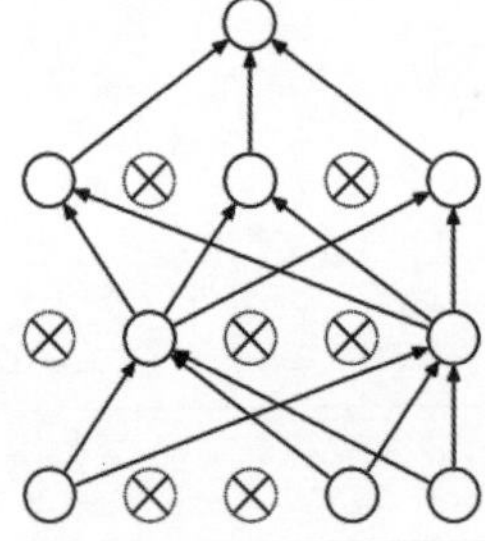

(b) After applying dropout.

Figure.1: Dropout Neural Net Model. **Left**: A standard neural net with 2 hidden layers. **Right**: An example of a thinned net produced by applying dropout to the network on the left. Crossed units have been dropped.

图 7.1　Dropout示例

出处 *Dropout: A Simple Way to Prevent Neural Networks from Overfitting*（Nitish Srivastava、Geoffrey Hinton，Alex Krizhevsky，Ilya Sutskever，Ruslan Salakhutdinov，2014），Figure. 1

URL https://www.cs.toronto.edu/~hinton/absps/JMLRdropout.pdf

禁用的比例（rate）通常为0.2~0.5。此外，Dropout仅在学习时应用，在预测时使用所有数据计算预测值。

示例 7.1　Dropout 层的示例

In

```
# 包含Dropout层的Sequential模型示例
from tensorflow.python.keras.models import Sequential
from tensorflow.python.keras.layers import Dense, Dropout


model = Sequential( )
model.add(Dense(64, activation='relu', input_dim=20))
model.add(Dropout(0.5))  # Dropout在rate=0.5时适用
model.add(Dense(64, activation='relu'))
model.add(Dropout(0.5))
model.add(Dense(10, activation='softmax'))

model.compile(
    loss='categorical_crossentropy',
    optimizer='SGD',
    metrics=['accuracy']
)
```

7.1.3　BatchNormalization 层

在BatchNormalization层中，每个批处理都将对下一层的输入值进行归一化（示例7.2）。

在第5章以前构建的模型中，通过将输入数据除以255，对模型的输入值进行归一化，可以使其值位于{0,1}的范围内。因为大家知道，这样更容易推进神经网络的学习。在多层神经网络的情况下，我们很自然地会想："对输入层进行归一化，对中间层也进行归一化，是不是可以提高精度？"

众所周知，实际上通过导入BatchNormalization层，在很多情况下学习更稳定，精度也有提高。当学习稳定时，可以提高学习率，从而提高学习速度。由于BatchNormalization层具有归一化功能，因此不需要额外添加Dropout层。

示例 7.2　BatchNormalization 层的示例

In

```
# 包含BatchNormalization层的序列模型示例
from tensorflow.python.keras.models import Sequential
from tensorflow.python.keras.layers import Dense, Activation,
BatchNormalization


model = Sequential()
model.add(Dense(64, input_dim=20))
model.add(BatchNormalization())
model.add(Activation('relu'))
model.add(Dense(64))
model.add(BatchNormalization())
model.add(Activation('relu'))
model.add(Dense(10, activation='softmax'))

model.compile(
    loss='categorical_crossentropy',
    optimizer='SGD',
    metrics=['accuracy']
)
```

7.1.4 Lambda层

Lambda层允许将任何表达式或函数作为Keras层对象合并到网络中（示例7.3）。例如将所有输入值除以255等的转换，这是任务通常需要执行的操作，但它不可理解为单独的Keras层。

Lambda层是一种功能，它可以“包裹”（参考MEMO）任何函数，从而将这些单独的处理用作图层对象。

示例 7.3　使用 Lambda 层的示例

In

```
# 导入Lambda层的示例
from tensorflow.python.keras.layers import Input, Lambda
```

```
from tensorflow.python.keras.models import Model


model_in = Input(shape=(20,))
x = Lambda(lambda x: x/255.)(model_in)
x = Dense(64, activation='relu')(x)
model_out = Dense(10, activation='softmax')(x)

model = Model(inputs=model_in, outputs=model_out)
model.compile(
    loss='categorical_crossentropy',
    optimizer='SGD',
    metrics=['accuracy']
)
```

MEMO

包裹(wrap)

可以说，由一个类或函数等提供的功能被另一个类或函数等覆盖，并且以另一种形式提供。这种性能的“包裹”也可以称为“包装器”。

7.2 激活函数

对经常使用的Keras激活函数进行说明。

7.2.1 多种多样的激活函数

在深度学习中，除了ReLU、Sigmoid和softmax以外，还有各种激活函数。激活函数通常是根据任务来选择的，或者选择在相关论文中有很好结果呈现的函数，最重要的是要了解每个函数的特征。

下面介绍一些激活函数，主要是应用篇中出现的函数。所介绍的所有激活函数都是对ReLU进行了修改的函数。这是为了防止“梯度消失”（参考MEMO）并有效地推进学习而设计的。

MEMO

梯度消失

梯度消失是指执行误差反向传播，当从输出层追溯时，误差变小而不能进行训练的状态。

7.2.2 Keras中激活函数的使用方法

让我们回顾一下Keras如何使用激活函数。在Keras中添加激活函数主要有两种方法：一种方法是在层对象的activation参数中指定；另一种方法是调用单独的Activation层，添加到网络中。

activation参数可用于具有权重参数的常规层，如Dense层或Conv2D层。它可以很容易地添加，但不能单独作为激活层处理（示例7.4）。

如果要生成单独的Activation层，需要像生成常规层一样生成它们并将它们添加到网络中（示例7.5）。

示例 7.4 使用 activation 参数添加激活函数的示例

In

```
# 指定ReLU或Sigmoid作为Dense层的参数，并添加激活函数
model = Sequential()
model.add(Dense(64, activation='relu', input_dim=20))
model.add(Dense(1, activation='sigmoid'))
model.compile(
    loss='binary_crossentropy',
    optimizer='SGD',
    metrics=['accuracy']
)
```

示例 7.5 调用 Activation 层以生成和添加激活函数的示例

In

```
# 通过调用Activation层添加单独的激活层
from tensorflow.python.keras.layers import Activation
from tensorflow.python.keras.activations import relu


model = Sequential()
model.add(Dense(64, input_dim=20))
model.add(Activation('relu'))
model.add(Dense(1))
model.add(Activation('sigmoid'))

model.compile(
    loss='binary_crossentropy',
    optimizer='SGD',
    metrics=['accuracy']
)
```

7.2.3 应用篇使用的主要激活函数

ReLU

ReLU（Rectified Linear Unit，修正线性单元）函数在输入值小于或等于0时输出0，在输入值为正值时按原样输出，如图7.2所示。

Sigmoid函数的斜率随着输入值的增加而减小，而ReLU的斜率是恒定的。据了解，这样可以缓解梯度消失问题。

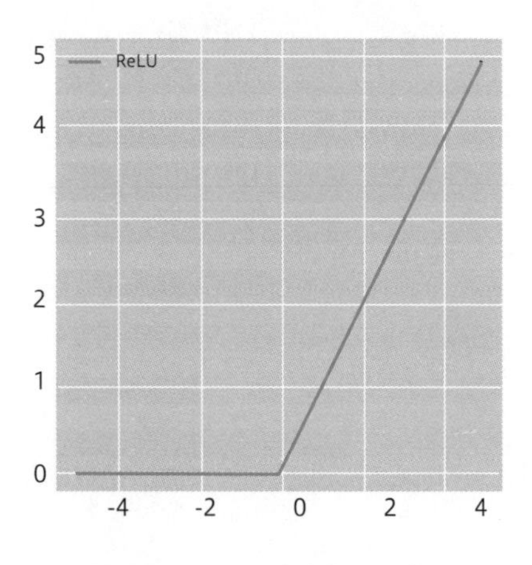

图 7.2　ReLU 函数曲线示意图

Leaky ReLU

LeakyReLU函数是ReLU函数的一个特殊版本，即使单元处于非活动状态（$x \leq 0$），它也能提供非常小的梯度（见图7.3）。这可以防止梯度消失，提高学习速度。

LeakyReLU通常用于一个名为DCGAN（Deep Convolutional Generative Adversarial Network）的模型中。

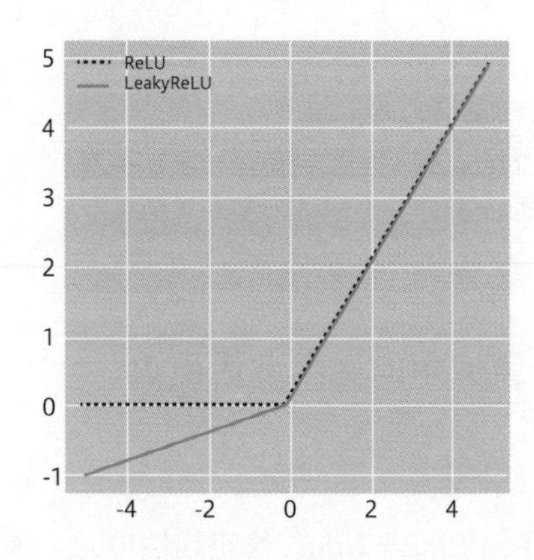

图 7.3　LeakyReLU 函数与 ReLU 函数的曲线示意图

ELU

像LeakyReLU函数一样，ELU（Exponential Lineay Unit，指数线性单元）函数在单元不活动时也会有一个较好的斜率。当输入值等于或小于0时，LeakyReLU函数将其转换为具有小斜率的线性函数，但ELU函数会将从指数函数中减去1所得的值应用于负输入（见图7.4）。这就规避了输入负值时的行为与LeakyReLU函数相同的问题。

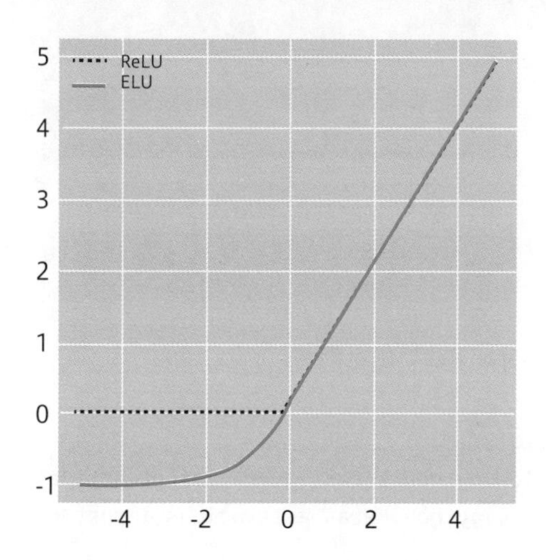

图 7.4　ELU 函数与 ReLU 函数的曲线示意图

Clipped ReLU

Clipped ReLU函数被更改为使ReLU函数的输出值不会大于或等于一定大小。在ReLU函数中，当输入值为正值时，应用线性转换；而使用Clipped ReLU函数时，输出相对于输入处于削波状态，如图7.5所示。

Clipped ReLU函数最初作为处理梯度爆炸的一种方法引入语音识别网络。在Keras中，也可以通过指定ReLU函数的max_value参数来实现Clipping（示例7.6）。

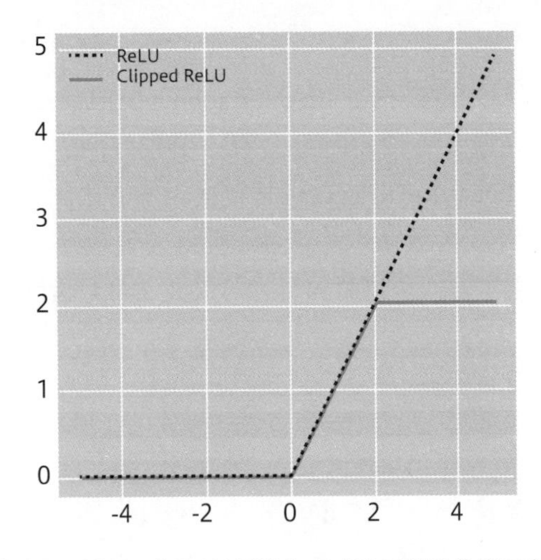

图 7.5　Clipped ReLU 函数与 ReLU 函数的曲线示意图

示例 7.6　Clipped ReLU 的示例

```
# Clipped ReLU的示例
from tensorflow.python.keras.layers import Activation
from tensorflow.python.keras.activations import relu


model = Sequential()
model.add(
    Dense(
        64,
        input_dim=20,
        activation=lambda x: relu(x, max_value=2)
    )
)
model.add(Dense(1, activation='sigmoid'))

model.compile(
    loss='binary_crossentropy',
    optimizer='SGD',
    metrics=['accuracy']
)
```

7.3 ImageDataGenerator

Keras提供了一个名为ImageDataGenerator的生成器，用于有效地处理在学习和预测过程中输入的图像。使用Image-DataGenerator，可以实时进行预处理，并轻松地将数据以小批量传递给模型。本节我们就了解一下其具体的使用方法。

7.3.1 ImageDataGenerator的生成和预处理

首先，生成ImageDataGenerator。根据生成参数（见表7.1），可以指定要对图像进行的预处理。因为ImageDataGenerator的参数种类繁多，所以这里将重点介绍常用参数的功能。

表7.1　ImageDataGenerator的常用参数和功能

参　数	功　能
rescale	缩放变换，将给定值累加到数据中
rotation_range	随机旋转图像的角度范围（0°~180°）
width_shift_range	随机水平移动范围
height_shift_range	随机垂直移动范围
shear_range	剪切强度（逆时针方向的剪切角度（弧度））
zoom_range	随机缩放范围
horizontal_flip	水平随机翻转输入
vertical_flip	垂直随机翻转输入

最常用的参数是rescale参数。在深度学习模型中，可以将输入值按比例变换至[0,1]的范围，以执行有效的学习。示例7.7通过指定rescale = 1/255实现此转换。

其次是与数据扩展相关的参数。数据扩展通过对输入图像进行轻微的转换来提高模型对测试数据的预测精度。所有后续参数都可用于此数据扩展。

图7.6显示了每个参数的转换效果。可以看到，数据扩展对输入图像进行了微小的转换，如缩放和旋转。

示例 7.7　生成生成器

In

```
from tensorflow.python.keras.preprocessing.image
import ImageDataGenerator

# ImageDataGenerator的生成具有代表性参数的示例
gen = ImageDataGenerator(
    rescale=1/255.,        #比例变换
    rotation_range=90.,  #数据扩展关联
    width_shift_range=1.,
    height_shift_range=.5,
    shear_range=.8,
    zoom_range=.5,
    horizontal_flip=True,
    vertical_flip=True
)
```

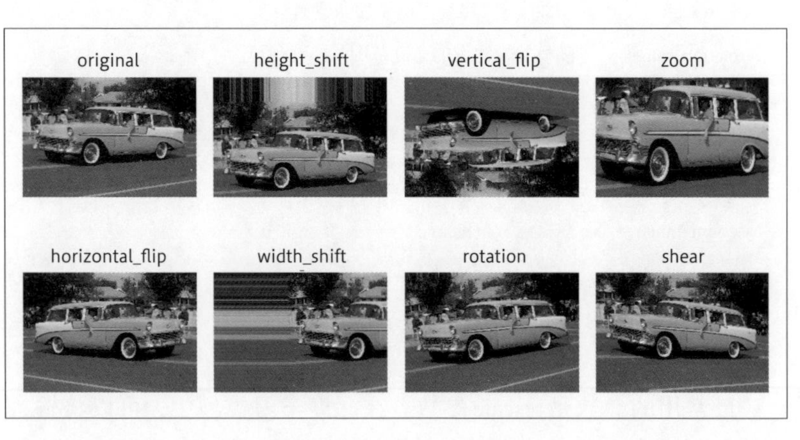

图 7.6　ImageDataGenerator 常用参数和数据扩展参数示例

出处　Open Images Dataset V3

URL　https://github.com/openimages/dataset/

7.3.2 使用ImageDataGenerator导入数据

生成ImageDataGenerator后，它将调用flow()和flow_from_directory()方法，以获取一个迭代器。该迭代器将以小批处理方式输出应用了指定处理的图像。

在示例7.8中，使用flow_from_directory()方法生成迭代器，并使用next()方法检索一个小批处理的数据。flow_from_directory()方法用来识别位于指定的目录下属于每个类的图像。由于在示例7.8中指定的目录下有25个图像和2个子目录，因此，我们将看到Found 25 images belonging to 2 classes的消息。

示例 7.8　生成迭代器并检索数据

In

```
# 从目录导入图像并生成迭代器
iters = gen.flow_from_directory(
    'img',
    target_size=(32, 32),
    class_mode='binary',
    batch_size=5,
    shuffle=True
)

#从迭代器获取一个小批量处理的数据
x_train_batch, y_train_batch = next(iters)

print('shape of x_train_batch:', x_train_batch.shape)
print('shape of y_train_batch:', y_train_batch.shape)
```

Out

```
Found 25 images belonging to 2 classes.
shape of x_train_batch: (5, 32, 32, 3)
shape of y_train_batch: (5,)
```

在实际学习和推理中，将生成的迭代器传递给Keras模型对象的fit_generator()和predict_generator()方法的参数见示例7.9。

示例 7.9　使用迭代器的模型学习

In

```
import math
from tensorflow.python.keras.models import Sequential
from tensorflow.python.keras.layers import Flatten, Dense, Conv2D


# 分类模型的构建
model = Sequential()
model.add(Conv2D(16, (3, 3), input_shape=(32, 32, 3)))
model.add(Flatten())
model.add(Dense(32, activation='relu'))
model.add(Dense(1, activation='sigmoid'))

model.compile(
    loss='binary_crossentropy',
    optimizer='rmsprop'
)


# 计算一个周期要学习多少个微型批次
steps_per_epoch = math.ceil(iters.samples/5)

# fit_generator()方法传递迭代器
histroy = model.fit_generator(
    iters,
    steps_per_epoch=steps_per_epoch
)
```

Out

```
Epoch 1/1
5/5 [==============================] - 0s - loss: 1.4480
```

7.4 总结

本章介绍的内容都是近年来构建深度学习模型不可或缺的技术，因此，读者在今后参考网络等信息，挑战构建新的模型时，掌握这些技术将会变得十分必要。在这些内容的基础上，在第2部分应用篇中将使用实际的深度学习模型进行图像处理。

应用篇

通过基础篇的学习，我们已经了解了一些基础知识，包括如何使用TensorFlow和Keras、常用层及CNN的简单分类问题。

在应用篇，我们将应用在基础篇所学到的知识，构建更复杂的模型，致力于实用性的任务。

应用篇中的代码实现部分，假定下列内容已预先导入。实现代码所需的各种软件库如下。

```
import os
import glob
import math
import random

import numpy as np
import matplotlib.pyplot as plt

from tensorflow.python import keras
from tensorflow.python.keras import backend as K
from tensorflow.python.keras.models import➡
Model, Sequential
from tensorflow.python.keras.layers import Conv2D,➡
Dense, Input, MaxPooling2D, UpSampling2D, Lambda
from tensorflow.python.keras.preprocessing.image ➡
import load_img, img_to_array, array_to_img,
ImageDataGenerator
```

CHAPTER 8

用CAE去噪

卷积神经网络的一个基本架构是卷积自编码器Convolutional Autoencoder(CAE)。本章介绍CAE的一个简单应用实例，我们将处理一个去噪任务——从伪加噪的图像中恢复原始图像。

8.1 CAE的实用性

本节将介绍CAE的实用性，CAE是用于各种任务的基本体系结构。

CAE是指利用卷积神经网络对输入图像进行压缩（编码），然后从压缩后的数据中重建输入图像的（解码）模型，如图8.1所示。它也是一种编码器–解码器，因为它是一种通过**Encoder-Decoder**（编码–解码）完成输出的体系结构。

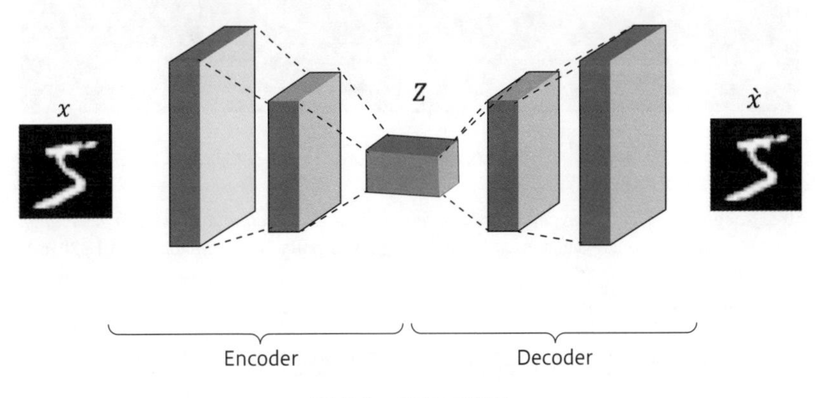

图 8.1　CAE 示意图

CAE在实际应用中的示例包括语义分割（Semantic Segmentation）（见图8.2），语义分割支持从车载摄像机拍摄的图像中区分人、道路和标志等区域，以及异常检测，异常检测支持从未标记的数据集中识别异常图像。

虽然本章仅涉及最基本的CAE形式，但在第10章和第12章中加入了一些新元素，以便能够生成高分辨率的图像。

图 8.2　从车载图像中检测人、车、白线和道路等区域的语义分割示例

出处　*SegNet: A Deep Convolutional Encoder-Decoder Architecture for Image Segmentation*（Vijay Badrinarayanan, Alex Kendall, Roberto Cipolla, Senior Member, IEEE, 2016），Figure. 1

URL　https://arxiv.org/pdf/1511.00561.pdf

本章后续章节会将增强自动编码器稳健性的方法（称为DAE，见第8.2.3小节）与CAE相结合，以模拟方式消除图像噪声。届时，我们可以一边学习去噪的示例，一边体会CAE的实用性。

8.2 Autoencoder、CAE和DAE

本节让我们了解一下Autoencoder（自编码器），并理解CAE和DAE的体系结构有何不同。

8.2.1 什么是Autoencoder

Autoencoder是一种执行训练的神经网络体系结构，以便输出数据接近输入数据。最初，自编码器用于降维领域。

具体地说，它是由试图将输入数据x压缩到中间层z的编码器函数（Encoder）和试图将中间层z恢复到输入数据x的解码器函数（Decoder）组成。它的结构并不复杂（见图8.3）。通过将中间层z的维度设置为小于输入数据x的维度，可以获得具有低维度特征的中间层z，从而可以再现输入数据x。通过在捕捉特征的同时缩减维度来压缩数据，从而达到与传统的降维方法类似的效果。

实际上，在最初的降维研究中，结合了受限玻尔兹曼机（Restricted Boltzmann Machine，RBM）的自编码器与主成分分析（Principal Component Analysis，PCA）相比，重构误差较少，所以可以进行定性解释。

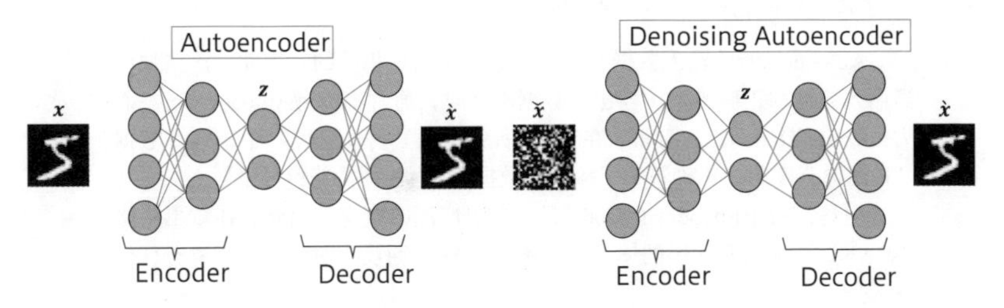

图 8.3 自编码器与降噪自编码器的示意图

出处 *A Fast Learning Algorithm for Deep Belief Nets*（Geoffrey E. Hinton，Simon Osindero，Yee-Whye Teh，2005）

URL http://www.cs.toronto.edu/~fritz/absps/ncfast.pdf

8.2.2 什么是CAE

通常，在图像处理领域，CNN可以更好地学习二维图像结构，而不是MLP。Autoencoder的结构也不例外，采用CNN代替MLP，可以获得同样的效果。在Autoencoder中，每个层都采用MLP，即所有神经元紧密结合的形式。CAE在编码器和解码器的位置使用了第4章所学到的CNN相关知识。

编码器部分由卷积层和池化层组成，并将输入数据x转换为压缩的中间层z。解码器部分由卷积层和上采样层（Upsampling）或转置的卷积层（参见第9.2节）组成，它从中间层z重构并输出x。上采样是一种放大图像的方法，它重复排列指定的列和行大小（见图8.4）。

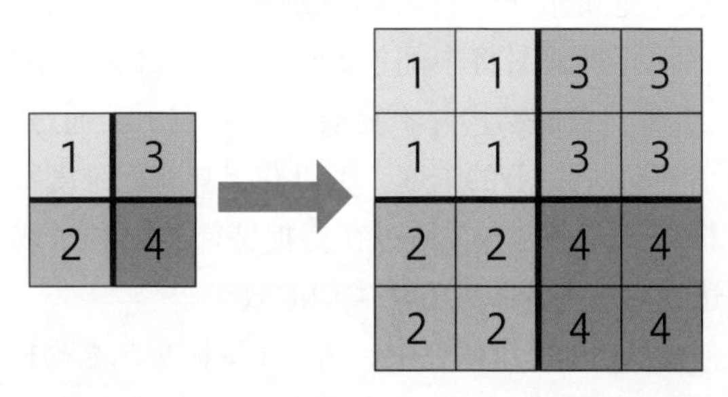

图 8.4 将 2×2 图像放大为 4×4 的上采样处理示例

ATTENTION

关于本书中的CAE 处理

Autoencoder的输入数据和输出数据基本上是相同的。因此，严格地说，当输入数据和正确答案（输出）数据不同时，通常不称为Autoencoder，而称为Encoder-Decoder。例如，在第9章所介绍的“自动着色”中，输入数据为“L:图像亮度”，正确答案（输出）数据为“AB:图像颜色分量”。

但是，由于Encoder-Decoder是一个更广泛的概念，因此，在本书中将使用CNN进行编码和解码的体系结构称为 CAE，而没有对此类数据进行任何特殊区分。

8.2.3 什么是DAE

降噪自编码器（Denoising Autoencoder，DAE）是将Autoencoder的输入数据 x 加上噪声（$\tilde{x}$）作为模型的输入图像的体系结构。Autoencoder将学习如何使输出数据（$\hat{x}$）更接近输入数据 x，而DAE将学习如何使输入数据（$\hat{x}$）更接近原始数据 x，同时消除噪声。

因此，DAE被认为可以比Autoencoder更稳健地进行重构，请参阅图8.5引用文献。在该引用文献中，从不同的角度解释了为什么添加噪声会让重构变得更稳定的问题。但是，在本书中，DAE将以添加了噪声的数据作为输入图像时的Autoencoder，并以这个程度的解释进行讲解。

另外，由于在本章中使用了CAE，因此它的结构类似于图8.5右侧的Denoising CAE。

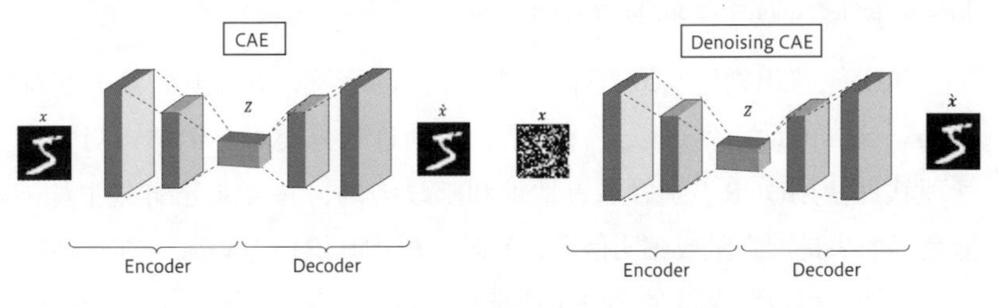

图 8.5　CAE 和 Denoising CAE 示意图

出处 *Extracting and Composing Robust Features with Denoising Autoencoders*（Pascal Vincent, Hugo Larochelle, Yoshua Bengio, Pierre-Antoine Manzagol, 2008）

URL http://www.cs.toronto.edu/~larocheh/publications/icml-2008-denoising-autoencoders.pdf

8.3 降噪处理

DAE的目的是建立一个稳健的模型，所以去噪不是它的原始目的，但有必要检查它是否可以消除伪噪声（模拟的噪声）。

8.3.1 图像去噪

如果能去除输入图像的噪声，在什么情况下会很有用呢？例如，噪声消除可以应用于光学字符识别（Optical Character Recognition，OCR）技术的预处理。

参考 *The Application of Deep Convolutional Denoising Autoencoder for Optical Character Recognition Preprocessing*

URL http://ieeexplore.ieee.org/document/8262546/

OCR能够识别手写或打印字符图像中的字符，并将其转换为字符代码。这样的话，就可以进行搜索、自动进行分类等。例如，明信片管理软件使用OCR识别姓名、地址和邮政编码，并自动分配寄件人。但是，如果是旧文献或脏明信片，有时很难将其识别为文字。 在这种情况下，如果可以将杂乱的字符（即杂色字符）恢复为原始字符，则可以将图像识别为字符代码。

接下来，让我们按以下步骤，一边实际操作代码，一边学习相关知识吧！

（1）加载数据集。
（2）创建伪噪声数据。
（3）CAE模型构建。
（4）查看模型摘要。
（5）使用高斯噪声数据进行学习和预测。
（6）使用掩蔽噪声数据进行学习和预测。

8.3.2 加载数据集

本节将再次加载第4.2节中使用的MNIST数据集（示例8.1）。另外，从应用篇开始，我们假定读者电脑中已经预先导入了篇首页所示的库（如果还读者还没有安装篇这些库，请先自行安装，以方便后续的学习）。

示例 8.1　加载和预处理 MNIST 数据集

In

```
from tensorflow.python.keras.datasets import mnist


(x_train, _), (x_test, _) = mnist.load_data( )  ❶
# 在CNN上转换成易于处理的形式
x_train = x_train.reshape(-1, 28, 28, 1)
x_test = x_test.reshape(-1, 28, 28, 1)
# 将图像归一化为0~1范围
x_train = x_train/255.
x_test = x_test/255.
```

通过调用MNIST模块的load_data() 函数❶，可以以numpy.ndarray格式读取MNIST数据集。在这里，由于数据集很小，所以我们调用了所有数据集，而不使用生成器。

此外，在调用数据集时，x_train和x_test的大小分别为（60000，28，28）和（10000，28，28）。要将图像输入到CNN，需要添加通道维度，并将其转换为CNN易于处理的形状（60000，28，28，1）。

在这里，我们将通过对MNIST数据集添加两种类型的噪声来确定是否可以通过创建伪噪声数据并让它们在CAE中学习以消除噪声。

8.3.3　创建伪噪声数据

首先，让我们通过添加两种类型的噪声（掩蔽噪声和高斯噪声）来生成伪噪声数据。

掩蔽噪声数据

通过对从MNIST数据集中读取的数字图像数据（28，28）numpy.ndarray的一部分进行屏蔽（即将值设置为0）来创建伪噪声数据（示例8.2）。

示例 8.2　添加掩蔽噪声，生成伪噪声数据

In

```
def make_masking_noise_data(data_x, percent=0.1):
    size = data_x.shape
    masking = np.random.binomial(n=1, p=percent, size=size)
    return data_x*masking

x_train_masked = make_masking_noise_data(x_train)
x_test_masked = make_masking_noise_data(x_test)
```

● 高斯噪声数据

接下来，通过添加高斯分布生成的随机数，模拟创建不同于掩蔽噪声数据类型的噪声数据。由于高斯噪声会超过图像的最大值和最小值，所以用numpy的clip()方法将向下突出的值设置为0，向上突出的值设置为1（示例8.3❶）。

示例 8.3　添加高斯噪声数据，生成伪噪声数据

In

```
def make_gaussian_noise_data(data_x, scale=0.8):
    gaussian_data_x = data_x + np.random.normal(loc=0, ➡
scale=scale, size=data_x.shape)
    gaussian_data_x = np.clip(gaussian_data_x, 0, 1)———❶
    return gaussian_data_x

x_train_gauss = make_gaussian_noise_data(x_train)
x_test_gauss = make_gaussian_noise_data(x_test)
```

示例 8.4　添加了噪声的图像和原始图像进行比较

In

```
from IPython.display import display_png

display_png(array_to_img(x_train[0]))
```

```
display_png(array_to_img(x_train_gauss[0]))
display_png(array_to_img(x_train_masked[0]))
```

示例8.4中的代码产生了一个噪声数据，即使人们肉眼看到它，也很难分辨它是什么数字，如图8.6所示。那么，CAE到底能不能很好地去噪呢？

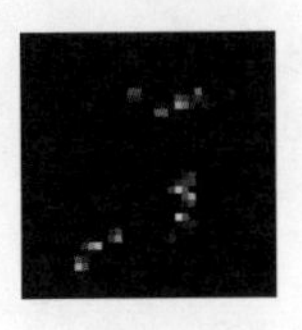

(a) 原始图像 (b) 添加高斯噪声 (c) 添加掩蔽噪声

图 8.6 添加了噪声的图像和原始图像相比较

8.3.4 构建 CAE 模型

现在，让我们在Keras中构建CAE模型（示例8.5）。

示例 8.5 CAE 模型的构造

In

```
autoencoder = Sequential()

# Encoder位置（编码器）
autoencoder.add(
    Conv2D(
        16,
        (3, 3),
        1,
        activation='relu',
        padding='same',
        input_shape=(28, 28, 1)
    )
)
autoencoder.add(
    MaxPooling2D(
        (2, 2),
        padding='same'
```

```
    )
)
autoencoder.add(
    Conv2D(
        8,
        (3, 3),
        1,
        activation='relu',
        padding='same'
    )
)
autoencoder.add(
    MaxPooling2D(
        (2, 2),
        padding='same'
    )
)

# Decoder位置（解码器）
autoencoder.add(
    Conv2D(
        8,
        (3, 3),
        1,
        activation='relu',
        padding='same'
    )
)
autoencoder.add(UpSampling2D((2, 2)))
autoencoder.add(
    Conv2D(
        16,
        (3, 3),
        1,
        activation='relu',
        padding='same'
    )
)
autoencoder.add(UpSampling2D((2, 2)))
autoencoder.add(            # 添加一个卷积层
```

```
    Conv2D(
        1,
        (3, 3),
        1,
        activation='sigmoid',
        padding='same'
    )
)

autoencoder.compile(
    optimizer='adam',
    loss='binary_crossentropy'
)
initial_weights = autoencoder.get_weights()
```

我们构建的模型分为编码器部分和解码器部分。编码器由两层卷积层和池化层组成，而解码器由两层卷积层和上采样处理组成。此外，在解码器的最后一层中添加了一个卷积层，以将输出数据通道设置为1。

在这里，为了通过Pooling操作使图像大小减半，我们将padding设置为same，然后执行Convolution操作。从图8.7所示的网络图中，可以看到它是对称的。最后，用get_weights()方法保留初始权重值。在本章中，我们将学习两种通用CAE模型，即高斯噪声数据和掩蔽噪声数据。保留的初始权重值用于在比较每个学习结果时初始化模型。

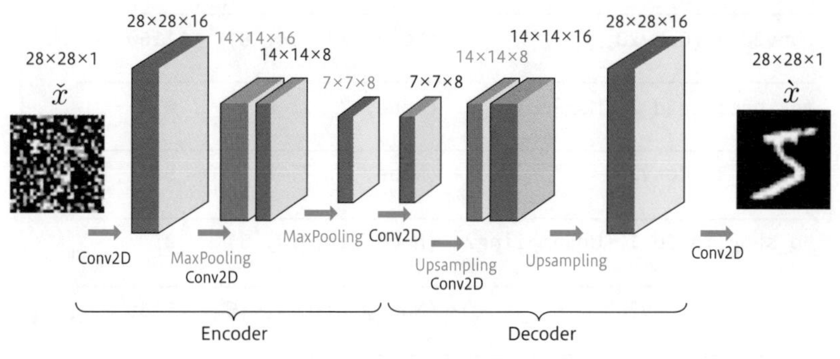

图 8.7　去噪 CAE 网络图

MNIST的内容是一个0~255的整数矩阵，但在本章中，它被归一化为0~1的范围。此外，由于损失函数使用二进制交叉，因此可以通过在激活函数中指定'sigmoid'来确保模型输出在0~1之间。

8.3.5 查看模型摘要

如果使用摘要方法检查构造的模型，则可以看到输入和输出大小相同（示例8.6）。其原理是通过max_pooling2d_1()和max_pooling2d_2()的操作，图像大小被减半，而在conv2d_2()中，通道被减少，并且可以看到压缩形式两个卷积层和池化层被配置到一个编码器。接下来，在conv2d_4()中将通道数加倍，在up_sampling2d_1()和up_sampling2d_2()中将中间层的输出加倍，使其与输入图像大小相同，然后在conv2d_5()中将其合并为一个通道。这就是解码器（Decoder）。

示例 8.6 查看模型摘要

In

```
autoencoder.summary( )
```

Out

```
_________________________________________________________________
Layer (type)                 Output Shape              Param #
=================================================================
conv2d_1 (Conv2D)            (None, 28, 28, 16)        160
_________________________________________________________________
max_pooling2d_1 (MaxPooling2 (None, 14, 14, 16)        0        ❶
_________________________________________________________________
conv2d_2 (Conv2D)            (None, 14, 14, 8)         1160     ❷
_________________________________________________________________
max_pooling2d_2 (MaxPooling2 (None, 7, 7, 8)           0        ❶
_________________________________________________________________
conv2d_3 (Conv2D)            (None, 7, 7, 8)           584
_________________________________________________________________
up_sampling2d_1 (UpSampling2 (None, 14, 14, 8)         0
_________________________________________________________________
conv2d_4 (Conv2D)            (None, 14, 14, 16)        1168
_________________________________________________________________
up_sampling2d_2 (UpSampling2 (None, 28, 28, 16)        0
_________________________________________________________________
conv2d_5 (Conv2D)            (None, 28, 28, 1)         145
=================================================================
```

❸ ❹ ❺ ❻

```
Total params: 3,217
Trainable params: 3,217
Non-trainable params: 0
```

8.3.6 使用高斯噪声数据进行学习和预测

在本小节中，将高斯噪声数据作为输入图像，将原始图像作为正确图像，并进行学习（示例8.7）。

示例 8.7　使用高斯噪声数据进行学习

In

```
autoencoder.fit(
                x_train_gauss, # 输入：高斯噪声数据
                x_train,       # 正确答案：原始图像
                epochs=10,     # 学习的次数
                batch_size=20, # 批处理大小
                shuffle=True   # 数据混洗
               )
```

Out

```
Epoch 1/10
60000/60000 [==============================] ➡
60000/60000 [==============================] -➡
75s 1ms/step - loss: 0.1791
（略）
Epoch 10/10
60000/60000 [==============================] ➡
60000/60000 [==============================] -➡
74s 1ms/step - loss: 0.1439

<tensorflow.python.keras._impl.keras.callbacks. ➡
History at 0x1b7beb16940>
```

在完成对高斯噪声数据的学习后，我们将对测试数据进行预测（示例8.8、8.9）。

示例 8.8　使用基于高斯噪声数据训练的模型进行预测

```
gauss_preds = autoencoder.predict(x_test_gauss)
```

示例 8.9　高斯噪声图像、CAE 模型与原始图像预测的比较

In

```
for i in range(10):
    display_png(array_to_img(x_test[i]))
    display_png(array_to_img(x_test_gauss[i]))
    display_png(array_to_img(gauss_preds[i]))
    print('-'*25)
```

比较结果如图8.8左图所示。

8.3.7　使用掩蔽噪声数据进行学习和预测

接下来，将掩蔽噪声数据设置为输入图像，将原始图像设置为正确图像，并进行学习（示例8.10、8.11）。

示例 8.10　CAE 模型权重初始化

In

```
autoencoder.set_weights(initial_weights)
```

示例 8.11　使用掩蔽噪声数据进行学习

In

```
autoencoder.fit(
                x_train_masked,  # 输入：掩蔽噪声数据
                x_train,         # 正确答案：原始图像
                epochs=10,       # 学习的次数
                batch_size=20,   # 批处理大小
                shuffle=True       # 数据混洗
               )
```

再次用set_weights()方法重新初始化编译中获取的权重initial_weights（示例8.10）。完成了在掩蔽噪声数据中的学习后，接下来对测试数据进行预测（示例8.12、8.13）。

示例 8.12　使用经过掩蔽噪声数据训练的模型进行预测

In

```
masked_preds = autoencoder.predict(x_test_masked)
```

示例 8.13　掩蔽噪声图像、CAE 模型和原始图像预测的比较

In

```
for i in range(10):
    display_png(array_to_img(x_test[i]))
    display_png(array_to_img(x_test_masked[i]))
    display_png(array_to_img(masked_preds[i]))
    print('-'*25)
```

比较结果如图8.8右图所示。

8.3.8　两种噪声图像的预测结果

现在，让我们来看看两种噪声数据的预测结果如图8.8所示。

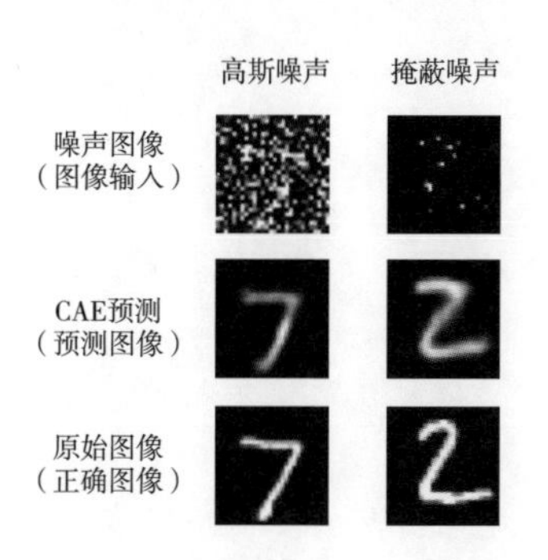

图 8.8　CAE 对每个噪声图像的预测图像和原始图像

本章中创建的模型是CAE的最简单形式，但似乎已经成功地重构

了两种类型的噪声数据。的确，仅凭肉眼识别噪声的图像，可能难以猜测原始数字是多少。但是，在重新配置后，似乎可以很容易地识别数字，尽管重新配置的图像看起来很模糊。第10章将通过在架构上下功夫进行重构，以避免模糊。

另外，第9章以后介绍的很多模型都是以CAE为基础的。我们不仅可以恢复图像，还可以把这个技术应用到各种其他任务中。

8.4 总结

本章介绍了Autoencoder、CAE和DAE等体系结构，并通过对模拟产生的噪声图像进行去噪来验证CAE的实际效果。本章提出了“用非常简单的结构会导致重建图像模糊”的问题，第10章将学习解决这个问题的方法。

CAE的应用范围非常广泛，如用于生成模型DCGAN的一部分，以及用于语义分割任务的CAE扩展体系结构。第9章将介绍自动着色，它通过CAE中的一种功能为灰度图像着色。

CHAPTER 9

自动着色

本章将构建一个模型，该模型将自动为单色照片上色，将其转换为彩色照片。

9.1 关于自动着色

本节中我们将学习自动着色的理论，自动着色是近年来由于插图着色的自动化而兴起的一种趋势。

基于深度学习的自动着色是近年来兴起的一个研究领域。其中，插图的自动着色是对插画师和设计师行业的一大突破。在给插图着色时，使用自动着色功能可以缩短着色时间，提高工作效率。我们已经在各种应用程序中使用了该功能，例如，来自Preferred Networks的Paints Chainer（见图9.1）和来自Ibis Mobile的Ibis Paint已经在各种应用程序中引入并在pixiv Sketch中使用。此外，Adobe正在开发一个名为Project Scribbler的自动着色项目，该项目预计将嵌入Photoshop和Illustrator等Adobe产品中。

本章将利用比插图更复杂的照片为对象，致力于实现自动着色。另外注意，由于本书不是全彩色印刷，所以无法直接确认着色，诸如图9.1中插图自动着色的效果可以参考图出处的URL网页链接。

图 9.1　PaintsChainer 自动着色示例

出处　PaintsChainer（PaintsChainer是Chainer的使用案例）

URL　https://petalica-paint.pixiv.dev/index_zh.html

（在想要着色的地方画一条蓝色线，就会以蓝色为基础进行自动着色）

GitHub　http://richzhang.github.io/colorization/

9.2 自动着色的准备工作

自动着色需要独特的预处理和后处理，这不是一种简单的方法。在这里，我们将学习如何进行自动着色。

9.2.1 要构建网络的总体视图

图9.2显示了要构建网络的总体视图和处理流程。

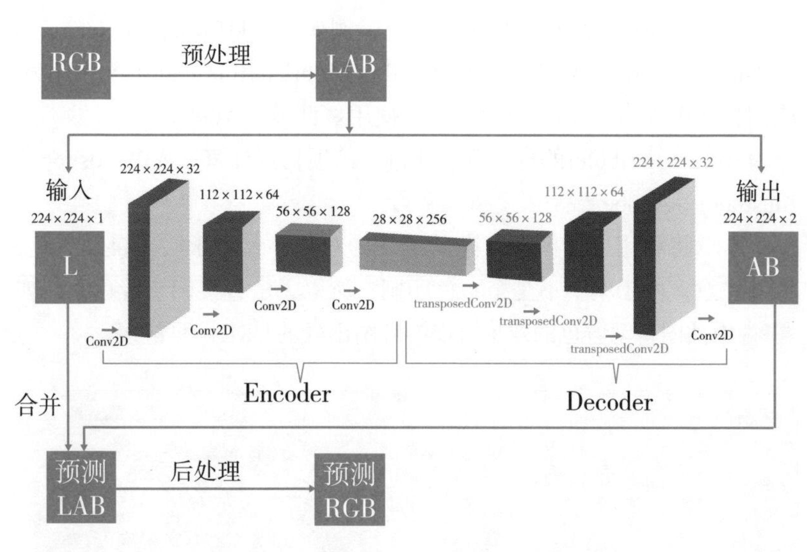

图 9.2　要构建网络的总体视图和处理流程

到当前为止，我们所学模型处理的是RGB格式图像。然而，在本章中构建的模型将从通常用于预处理的图像表示形式RGB转换为另一种表示形式LAB，然后输入L的值，并输出AB的值。在9.2.2小节中，将详细介绍为什么需要这样的转换。

本章构建的模型与第8章构建的模型一样，结构简单，不过也做了一些细微的改动，在这里先整理一下。首先，代替最大池化层，添加步幅设置为2的卷积过程。在第8章的编码器（Encoder）部分中，最大池化是在卷积后执行的，但是在步幅为2的卷积层中，等效于归约的处理和卷积处理是在一层中执行的。

另外，还增加了转置卷积层，而不是进行上采样。转置卷积层（TransposedConv2D）是通过与上采样不同的方法来扩大输入张量的方法。在第8章的解码器（Decoder）部分中，卷积是在上采样后执行的，但是在转置卷积层中，扩展处理和卷积处理是在同一层中执行的。

9.2.2 在预处理和后处理上下功夫（RGB和LAB的转换）

为什么本章要处理LAB图像格式，而不是RGB？因为先从结论来说，LAB比RGB更适合自动着色的任务。那么，RGB和LAB到底是什么呢?

图像通常以RGB图像格式表示，该图像格式通过混合R（红色）、G（绿色）和B（蓝色）3种颜色来表示颜色。如果读者正在从事与网络相关的工作，可能已经知道如何编写类似RGB（255，0，0）和 # ff0000的颜色，这是用红、绿、蓝的组合来表现颜色的方法。我们可以使用图像宽度 × 图像高度 × 通道数（每个RGB 3个通道）来表示图像。

LAB是一种不同于RGB的颜色表示方法。它的设计形式接近人类视觉，L代表亮度，A和B代表颜色。因为单色照片记录的是亮度，所以如果能够从亮度信息中再现颜色，就可以自动着色了。因此，用于自动着色的体系结构通常使用这样的结构，即输入表示亮度的L（灰度），构建输出表示颜色的AB的模型，并将输入数据L和预测数据AB组合以输出图像。本章使用图像格式LAB的体系结构完成自动着色。

9.3 执行自动着色

在本节中，我们将执行一系列流程，包括导入数据、预处理、模型构建、模型学习和预测及后处理，以实现自动着色。

9.3.1 自动着色处理流程

自动着色的整个过程如下所示。

（1）导入数据；
（2）预处理：将RGB转换为LAB；
（3）模型的构建；
（4）模型的学习和预测；
（5）后处理：输入预测结果AB并将其与L组合，以转换为RGB。

9.3.2 导入数据

首先导入数据。假定img/colorize文件夹包含样例图像数据，运行示例9.1中的代码导入数据。

示例 9.1 导入数据

In

```
data_path = 'img/colorize'
data_lists = glob.glob(os.path.join(data_path, '*.jpg'))

val_n_sample = math.floor(len(data_lists)*0.1)
test_n_sample = math.floor(len(data_lists)*0.1)
train_n_sample = len(data_lists) - val_n_sample - test_n_sample

val_lists = data_lists[:val_n_sample]
test_lists = data_lists[val_n_sample:val_n_sample + test_n_sample]
train_lists = data_lists[val_n_sample + test_n_sample:train_n_➡
sample + val_n_sample + test_n_sample]
```

将用于训练、验证和测试的所有图像文件路径加载到data_lists中。在此，按8:1:1的比例进行划分，用于训练、验证和测试。

9.3.3 预处理：将RGB转换为LAB

作为预处理，先将RGB转换为LAB，如示例9.2。

这里使用OpenCV2❶，Python允许通过导入cv2库来处理OpenCV2。首先，我们将预先下载的RGB格式的训练数据转换为LAB格式。使用cv2库中cv2.cvtColor()方法，定义用于将RGB格式的图像数据转换为LAB格式的rgb2lab()方法❷，以及用于将LAB格式的图像数据转换为RGB格式的lab2rgb()方法❸。

示例 9.2 预处理：将 RGB 转换为 LAB

In

```
import cv2  ❶


img_size = 224
def rgb2lab(rgb):  ❷
    assert rgb.dtype == 'uint8'
    return cv2.cvtColor(rgb, cv2.COLOR_RGB2Lab)

def lab2rgb(lab):  ❸
    assert lab.dtype == 'uint8'
    return cv2.cvtColor(lab, cv2.COLOR_Lab2RGB)

def get_lab_from_data_list(data_list):
    x_lab = []
    for f in data_list:
        rgb = img_to_array(
            load_img(
                f,
                target_size=(img_size, img_size)
            )
        ).astype(np.uint8)
```

```
        lab = rgb2lab(rgb)
        x_lab.append(lab)
    return np.stack(x_lab)
```

ATTENTION

关于转换LAB

当使用cv2库将RGB转换为LAB时，原本应有负值的AB仅具有正值。这是因为在cv2.cvtColor()中，自动进行了调整以适应0~255的范围。具体地说，在转换为LAB后，会执行以下操作。

```
L = L*255/100.
a = a + 128
b = b + 128
```

9.3.4 构建模型

接下来，我们将进行模型的构建（示例9.3）。它的配置类似于第8章中构建的CAE模型。但是，如9.2.1小节所述，将卷积步幅设置为2，而不是最大池化（Max-Pooling），并且使用转置卷积层代替上采样。

示例 9.3　构建模型

In

```
from tensorflow.python.keras.layers import Conv2DTranspose

autoencoder = Sequential()
# Encoder
autoencoder.add(
    Conv2D(
        32,
        (3, 3),
        (1, 1),
        activation='relu',
        padding='same',
```

```
        input_shape=(224, 224, 1)
    )
)
autoencoder.add(
    Conv2D(
        64,
        (3, 3),
        (2, 2),
        activation='relu',
        padding='same'
    )
)
autoencoder.add(
    Conv2D(
        128,
        (3, 3),
        (2, 2),
        activation='relu',
        padding='same'
    )
)
autoencoder.add(
    Conv2D(
        256,
        (3, 3),
        (2, 2),
        activation='relu',
        padding='same')
)
# Decoder
autoencoder.add(
    Conv2DTranspose(
        128,
        (3, 3),
        (2, 2),
        activation='relu',
        padding='same'
    )
)
```

```
autoencoder.add(
    Conv2DTranspose(
        64,
        (3, 3),
        (2, 2),
        activation='relu',
        padding='same'
    )
)
autoencoder.add(
    Conv2DTranspose(
        32,
        (3, 3),
        (2, 2),
        activation='relu',
        padding='same'
    )
)
autoencoder.add(
    Conv2D(
        2,
        (1, 1),
        (1, 1),
        activation='relu',
        padding='same'
    )
)
autoencoder.compile(optimizer='adam', loss='mse')
autoencoder.summary()
```

示例 9.4　检查模型摘要

In

```
autoencoder.summary()
```

Out

```
_________________________________________________________________
Layer (type)                 Output Shape              Param #
=================================================================
conv2d_6 (Conv2D)            (None, 224, 224, 32)      320
_________________________________________________________________
conv2d_7 (Conv2D)            (None, 112, 112, 64)      18496
_________________________________________________________________
conv2d_8 (Conv2D)            (None, 56, 56, 128)       73856
_________________________________________________________________
conv2d_9 (Conv2D)            (None, 28, 28, 256)       295168
_________________________________________________________________
conv2d_transpose_4 (Conv2DTr (None, 56, 56, 128)       295040
_________________________________________________________________
conv2d_transpose_5 (Conv2DTr (None, 112, 112, 64)      73792
_________________________________________________________________
conv2d_transpose_6 (Conv2DTr (None, 224, 224, 32)      18464
_________________________________________________________________
conv2d_10 (Conv2D)           (None, 224, 224, 2)       66
=================================================================
Total params: 775,202
Trainable params: 775,202
Non-trainable params: 0
_________________________________________________________________
```

正如示例9.4的结果所示，该模型与第8章的CAE有两个显著不同之处：

（1）输出通道数（二通道）。

（2）增加或减少通道数。

注意，上述第一点是随该体系结构的特性改变而改变的，因为输出的是AB，所以输出通道数必须为两个。第8章中内置的CAE编码器将通道数量减少了一半，因为原来的CAE是以降维为目的的，目的是获得捕捉输入图像特征的中间层。

而本章的目的是自动着色，如果中间层尺寸太小，整个模型的表现力就会下降。因此，通常使用编码器将通道层加倍以增强整个模型的表达能力，就像在语义分割任务中使用的经典架构（如U-Net和Residual-Net 参考MEMO ）一样。

MEMO

U-Net

U-Net是生物医学领域中出现的CAE的一种，2012年在被称为ISBI Challenge的、根据显微镜图像进行细胞膜区域鉴定的竞赛中首次出现，并在2015年的ISBI Challenge中以压倒性优势获得冠军。

该模型被设计成在编码和解码时组合具有相同分辨率的中间层。因为容易实现高分辨率，层也不深，所以在其他任务中也经常用到。

参考 U-Net： Convolutional Networks for Biomedical Image Segmentation

URL https://lmb.informatik.uni-freiburg.de/people/ronneber/u-net/

MEMO

Residual-Net

Residual-Net模型首先出现在论文*Deep Residual Learning for Image Recognition*中。尽管其实现方式与上述论文略有不同，但它是通过在多个阶段中的残差块（在第1.3节详细介绍）进行堆叠来配置的。即使层很深，残差块也能满足学习。

参考 *Deep Residual Learning for Image Recognition*

URL https://arxiv.org/pdf/1512.03385.pdf

9.3.5 模型学习和预测

首先，准备一个用于训练、验证和测试的生成器。我们将文件路径列表作为参数，定义一个生成器函数，一旦调用该函数，就分别生成与批大小相对应的L和AB，并返回（示例9.5）。

示例 9.5　定义生成器函数

In

```
def generator_with_preprocessing(data_list, batch_size, shuffle=False):

    while True:
        if shuffle:
            np.random.shuffle(data_list)
        for i in range(0, len(data_list), batch_size):
            batch_list = data_list[i:i + batch_size]
            batch_lab = get_lab_from_data_list(batch_list)
            batch_l = batch_lab[:, :, :, 0:1]
            batch_ab = batch_lab[:, :, :, 1:]
            yield (batch_l, batch_ab)
```

使用此方法生成训练、验证和测试生成器。

在训练过程中，我们通过将shuffle参数更改为True创建生成器，以便进行混洗（示例9.6）。对于每个生成器，还需要确定每个小批量处理的样本大小。

示例 9.6　调用训练、验证和测试生成器

In

```
batch_size = 30

train_gen = generator_with_preprocessing(train_lists, batch_
size, shuffle=True)
val_gen = generator_with_preprocessing(val_lists, batch_size)
test_gen = generator_with_preprocessing(test_lists, batch_size)

train_steps = math.ceil(len(train_lists)/batch_size)
val_steps = math.ceil(len(val_lists)/batch_size)
test_steps = math.ceil(len(test_lists)/batch_size)
```

现在，让我们使用fit_generator()方法训练模型（示例9.7）。由于训练数据太多，训练时间可能比以前的章节要长。

示例 9.7 训练模型

In

```
epochs= 100

autoencoder.fit_generator(
    generator=train_gen,
    steps_per_epoch=train_steps,
    epochs=epochs,
    validation_data=val_gen,
    validation_steps=val_steps
)
```

使用predict_generator()方法根据训练的模型进行预测（示例9.8）。此外，在本章讨论的模型中，由于需要将输入的L与预测结果的AB组合，因此再次调用生成器进行测试。

示例 9.8 模型预测

In

```
preds = autoencoder.predict_generator(test_gen, steps=test_steps,
verbose=0)

x_test = []
y_test = []
for i, (l, ab) in enumerate(generator_with_preprocessing(test_
lists, batch_size)):
    x_test.append(l)
    y_test.append(ab)
    if i == (test_steps - 1):
        break

x_test = np.vstack(x_test)
y_test = np.vstack(y_test)
```

9.3.6 后处理：输入预测结果AB并将其与L组合以转换为RGB

使用concatenate()方法将L与预测结果AB组合。

要查看模型的预测结果，需要进行后处理，将组合创建的LAB转换为RGB才能查看结果（示例9.9）。

示例 9.9 后处理：输入预测结果 AB 并将其与 L 组合以转换为 RGB

In

```
test_preds_lab = np.concatenate((x_test, preds),3).➡
astype(np.uint8)

test_preds_rgb = []
for i in range(test_preds_lab.shape[0]):
    preds_rgb = lab2rgb(test_preds_lab[i, :, :, :])
    test_preds_rgb.append(preds_rgb)
test_preds_rgb = np.stack(test_preds_rgb)
```

现在，让我们看看模型的预测结果（示例9.10）。

示例 9.10 查看输出结果

In

```
from IPython.display import display_png
from PIL import Image, ImageOps


for i in range(test_preds_rgb.shape[0]):
    gray_image = ImageOps.grayscale(array_to_img(test_preds_
rgb[i]))  ❶
    display_png(gray_image)
    display_png(array_to_img(test_preds_rgb[i]))
    print('-'*25)
    if i == 20:
        break
```

输出结果[①]如图9.3所示。

图 9.3 输出结果确认

上述代码实现了将原始图像转换为灰度❶。然后将灰度图像与预测结果进行比较并显示。

遗憾的是，由于本书是双色印刷，因此无法确认着色效果，但本章的结果可以通过执行下载的样本文件进行确认。

从图中可以看出，输出结果中既有着色很成功的照片，也有着色不顺利的照片。本章用简单的模型进行了努力，但再多花点工夫，就可以生成更真实的图像了。*Colorful Image Colorization*论文中称："通过将AB空间离散化，作为分类问题解决，颜色就不会模糊，可以进行更真实的着色。"可见，简单的方法之一就是模型输出的离散化（分割）。本章将损失函数设置为AB空间中的MSE，并建立了模型。

出处 出处：*Colorful Image Colorization*

URL http://richzhang.github.io/colorization/

另一种可能的方法是将其与第12章中介绍的GAN相结合。具体而言，该方法是可以添加一种在自动着色和真实着色之间进行区分的模型，以达到更接近真实的自动着色为目标。

出处 出处：*Paints Chainer*

URL https://paintschainer.preferred.tech/index_ja.html

① 这里列举并总结了各种例子。

9.4 总结

在本章中，自动着色是通过在CAE中输入LAB而不是RGB来实现的。即使是CAE的基本形式，只要稍微在预处理和后处理上下功夫，就可以应用于去噪以外的其他任务。在后面的章节中，我们将构建基于CAE的模型。

在第10章中，我们将通过设计CAE的体系结构，致力于学习将低分辨率图像转换为高分辨率图像的超分辨率技术。

CHAPTER 10

超分辨率成像

自动着色是对CAE的一种应用。CAE是一种非常有用的网络结构，除了自动着色以外，它还可以用于各种任务。在本章中，将研究CAE的另一个应用，即超分辨率成像。

10.1 基于CNN的超分辨率成像

深度学习还应用于提高图像和视频分辨率的超分辨率成像技术方向。本节首先概述超分辨率，并讲解一个使用深度学习进行超分辨率成像的简单模型。

10.1.1 什么是超分辨率

超分辨率（Super Resolution）是一种接收低分辨率图像或视频并生成高分辨率图像或视频的技术，如图10.1所示。电视中也有号称超分辨率的产品，也逐渐被大众所认可。

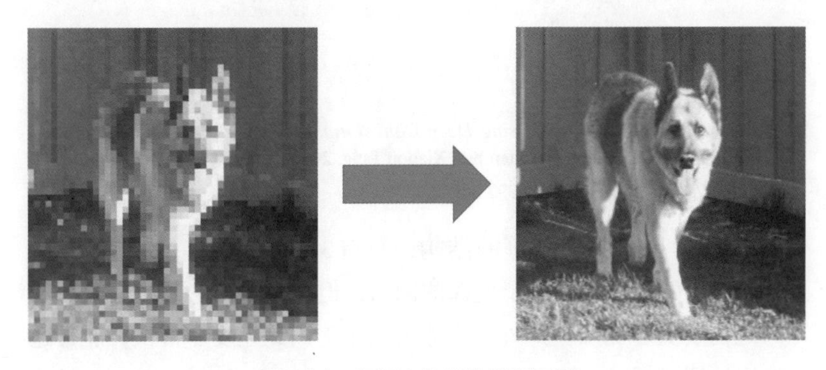

图 10.1 理想上的超分辨率示例

出处 Open Images Dataset V3

URL https://github.com/openimages/dataset

目前有好几种类型的超分辨率技术，这里将处理从单个低分辨率图像生成单个高分辨率图像的任务，称为单图像超分辨率。

由于其高品质，waifu2x（是2015年左右的热门话题）也以该任务为目标。

10.1.2 SRCNN（超分辨率卷积神经网络）

尽管超分辨率技术本身是在2000年左右开始研究的，但使用深度学习的超分辨率技术始于2014年。

图10.2显示了一个称为SRCNN（Super-Resolution Convolutional Neural Network，超分辨率卷积神经网络）的网络。尽管它是一个非常简单的网络，但据报道，该网络已经达到了超越传统方法的精度。

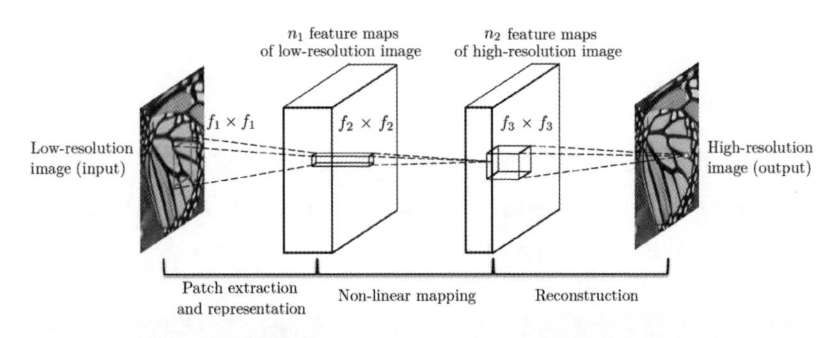

图 10.2　SRCNN 网络结构

出处 *Image Super-Resolution Using Deep Convolutional Network*（Chao Dong, Chen Change Loy, Kaiming He, Member, Xiaoou Tang, 2015），Figure. 2

URL https://arxiv.org/abs/1501.00092.pdf

SRCNN具有非常简单的结构，只有3个卷积层，包括输出层。图10.2引用的论文还挑战了更深的网络，但得出的结论是超分辨率并不一定需要更多的层。此外，它非常简单，因此速度非常快，非常适合在线处理视频。

那么，让我们一边实际安装SRCNN，一边学习详细内容吧。

10.1.3 数据的预处理

SRCNN的输入是低分辨率图像，输出是高分辨率图像。因此，训练时需要一对低分辨率图像和高分辨率图像。低分辨率图像可以通过高分辨率图像人工生成，这就是所谓的马赛克处理。在示例10.1中，通过将图像调整为较小的大小，然后重新调整大小，生成伪低分辨率数据。

示例 10.1　生成伪低分辨率数据

In

```
def drop_resolution(x, scale=3.0):
    size = (x.shape[0], x.shape[1])
    small_size = (int(size[0]/scale), int(size[1]/scale))
    img = array_to_img(x)
    small_img = img.resize(small_size, 3)
    return img_to_array(small_img.resize(img.size, 3))
```

10.1.4　生成输入数据

接下来，定义要传递到Keras模型的生成器。每次调用生成器时，它都会读取图像文件以生成低分辨率图像（示例10.2）。

示例 10.2　定义生成器

In

```
def data_generator(data_dir, mode, scale=2.0, target_size=(200, 200),➡
batch_size=32, shuffle=True):
    for imgs in ImageDataGenerator( ).flow_from_directory(
        directory=data_dir,
        classes=[mode],
        class_mode=None,
        color_mode='rgb',
        target_size=target_size,
        batch_size=batch_size,
        shuffle=shuffle
    ):
        x = np.array([
            drop_resolution(img, scale) for img in imgs
        ])
        yield x/255., imgs/255.
```

假设在data/chap10/train文件夹下有1000个训练数据，在data/chap10/test文件夹下有100个测试数据。data_generator()的用法如下（示例10.3）。

示例 10.3　使用 data_generator()

In

```
DATA_DIR = 'data/chap10/'
N_TRAIN_DATA = 1000
N_TEST_DATA = 100
BATCH_SIZE = 32

train_data_generator = data_generator(DATA_DIR,
'train', batch_size=BATCH_SIZE)
test_x, test_y = next(
    data_generator(
        DATA_DIR,
        'test',
        batch_size=N_TEST_DATA,
        shuffle=False
    )
)
```

该生成器返回的输入和输出如图10.3和图10.4所示。本章中构建的模型以低分辨率模糊图像为输入，旨在产生高分辨率的清晰图像。

图 10.3　低分辨率图像

图 10.4　高分辨率图像

10.1.5 构建模型

下面构建网络模型。如前所述，它是一个简单的网络，只有3个卷积层，因此实现起来非常简单（示例10.4）。这里的重点是内核的大小。由于输入图像是低分辨率图像，并且没有池化层，因此需要使用较大的内核来利用周围的信息。在此，参考图10.2中引用的论文，使用了“第一层为9，第二层为1，第三层为5”的组合。对于隐藏层，激活函数使用ReLU。

示例 10.4　SRCNN 的构建

In

```
model = Sequential( )
model.add(Conv2D(
    filters=64,
    kernel_size=9,
    padding='same',
    activation='relu',
    input_shape=(None, None, 3)
))
model.add(Conv2D(
    filters=32,
    kernel_size=1,
    padding='same',
    activation='relu'
))
model.add(Conv2D(
    filters=3,
    kernel_size=5,
    padding='same'
))

model.summary( )
```

Out

```
_________________________________________________________________
Layer (type)                 Output Shape              Param #
=================================================================
conv2d_1 (Conv2D)            (None, None, None, 64)    15616
_________________________________________________________________
```

```
conv2d_2 (Conv2D)             (None, None, None, 32)     2080
_________________________________________________________________
conv2d_3 (Conv2D)             (None, None, None, 3)      2403
=================================================================
Total params: 20,099
Trainable params: 20,099
Non-trainable params: 0
_________________________________________________________________
```

10.1.6 训练和验证

在超分辨率中，通常使用称为峰值信噪比（Peak Signal-to-Noise Ratio，PSNR）的评估指标（参考MEMO）。

MEMO

峰值信噪比

峰值信噪比（Peak Signal-to-Noise Ratio，PSNR）主要用于图像的有损压缩等，表示图像质量和数据的劣化程度。PSNR越大，劣化越少。PSNR的单位为dB。

PSNR的定义如下。

$$\mathrm{PSNR}=10\log_{10}\frac{\mathrm{MAX}^2}{\mathrm{MSE}}$$

其中，MAX为正确图像（目标）的最大可能值，在本例中为1.0；MSE为输出和正确图像的均方误差。因为MSE在分母中，所以输出越接近正确答案，MSE就越小，PSNR的值就越大。

由于PSNR的值可以是无限的，因此不可能表示“大于此”的特定值，但是在图像压缩和超分辨率任务中，它通常在20~50dB的范围内。

示例10.5为使用Keras定义PSNR。令MAX=1.0，PSNR的定义表达式变形为：

$$
\begin{aligned}
\text{PNSR} &= 10\log_{10}\frac{\text{MAX}^2}{\text{MSE}} \\
&= -10\log_{10}\text{MSE} \\
&= -10\frac{\log\text{MSE}}{\log 10}
\end{aligned}
$$

示例 10.5 峰值信噪比的定义

In

```
def psnr(y_true, y_pred):
    return -10*K.log(
        K.mean(K.flatten((y_true - y_pred))**2)
    )/np.log(10)
```

接下来，将示例10.5中定义的PSNR指定给metrics编译模型，然后进行训练（示例10.6）。与以往一样，loss指定为mean_squared_error，optimizer指定为adam。

示例 10.6 将 PSNR 指定为 metrics 进行训练

In

```
model.compile(
    loss='mean_squared_error',
    optimizer='adam',
    metrics=[psnr]
)

model.fit_generator(
    train_data_generator,
    validation_data=(test_x, test_y),
    steps_per_epoch=N_TRAIN_DATA//BATCH_SIZE,
    epochs=50
)

# 应用于测试数据
pred = model.predict(test_x)
```

Out

```
Epoch 1/50
Found 1000 images belonging to 1 classes.
31/31 [==============================]➡
31/31 [==============================] - ➡
9s 285ms/step - loss: 0.0294 - psnr: 16.4501 - ➡
val_loss: 0.0133 - val_psnr: 18.7506

（略）

Epoch 50/50
31/31 [==============================]➡
31/31 [==============================] - ➡
7s 213ms/step - loss: 0.0037 - psnr: 24.4472 ➡
- val_loss: 0.0039 - val_psnr: 24.1388
```

在我们的数据集中，可以看到PSNR大约为24dB。将该模型应用于测试数据的结果如图10.5~图10.7所示。

可以看出，模糊的轮廓已经很锐利并且接近正确答案数据。

图10.5　正确答案数据

图10.6　输入数据

图10.7　预测结果

10.2 基于CAE的超分辨率成像

在第10.1节中，我们确认即使使用非常简单的网络，也可以实现超分辨率成像。我们还注意到，并不是简单地添加层就能提高精度。本节引入一种称为“跳跃连接”的结构，并将更多层和更有表现力的网络结构应用于超分辨率成像。

10.2.1　CAE和跳跃连接

SRCNN是通过深度学习进行超分辨率的先驱方法，并且非常受关注。关于超分辨率的研究，在SRCNN以后也得到了积极的推进，也发表了几个超过SRCNN的研究成果。本节将CAE应用于超分辨率成像。如第8章所述，CAE一旦压缩了信息，输出就会变得模糊。因此，不能直接用于超分辨率成像。在论文*Image Restoration Using Convolutional Auto-encoders with Symmetric Skip Connections*中，通过导入跳过中间层的连接，设法将压缩前的信息直接添加到解码器的中间层输入中。这种结构称为“跳跃连接”，如图10.8所示。

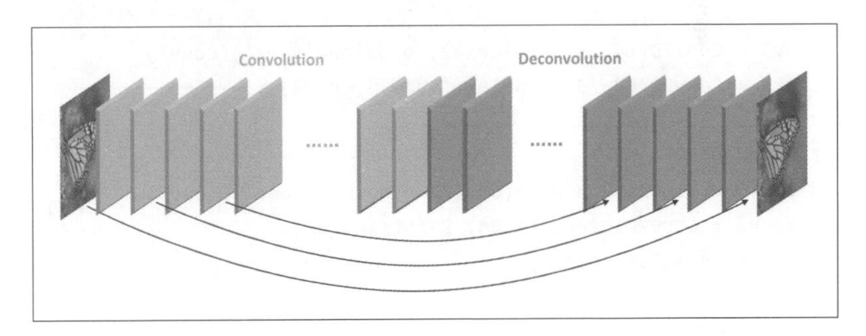

图 10.8　跳跃连接的示例

出处 *Image Restoration Using Convolutional Auto-encoders with Symmetric Skip Connections*（Xiao-Jiao Mao, Chunhua Shen, Yu-Bin Yang, 2016），Figure. 1

URL https://arxiv.org/abs/1606.08921.pdf

10.2.2 实践Keras

现在，让我们实现一个具有跳跃连接的CAE，并将其与SRCNN的结果进行比较。

由于Sequential API不能表示跳跃连接，示例10.7则使用了Functional API，但它分为Encoder❶和Decoder❷。可以看到，它的基本结构与前面看到的CAE没有区别。

示例 10.7 构建模型

In

```
from tensorflow.python.keras.layers import Add

# 输入为任意大小，三通道图像
inputs = Input((None, None, 3), dtype='float')

# Encoder
conv1 = Conv2D(64, 3, padding='same')(inputs)
conv1 = Conv2D(64, 3, padding='same')(conv1)

conv2 = Conv2D(64, 3, strides=2, padding='same')(conv1)     ❶
conv2 = Conv2D(64, 3, padding='same')(conv2)

conv3 = Conv2D(64, 3, strides=2, padding='same')(conv2)
conv3 = Conv2D(64, 3, padding='same')(conv3)

# Decoder
deconv3 = Conv2DTranspose(64, 3, padding='same')(conv3)     ❷
deconv3 = Conv2DTranspose(64, 3, strides=2, ➡
padding='same')(deconv3)

# Add()用图层表示跳跃连接
merge2 = Add()([deconv3, conv2])
deconv2 = Conv2DTranspose(64, 3, padding='same')(merge2)
deconv2 = Conv2DTranspose(64, 3, strides=2, ➡
padding='same')(deconv2)
```

```
merge1 = Add()([deconv2, conv1])
deconv1 = Conv2DTranspose(64, 3, padding='same')(merge1)
deconv1 = Conv2DTranspose(3, 3, padding='same')(deconv1)
output = Add()([deconv1, inputs])
model = Model(inputs, output)
```

生成的模型如图10.9所示。

使用Add层，可以看到从编码器部分到解码器部分的跳跃连接表示。Add图层是一个图层对象,仅输出相同张量大小的和。在图10.9中，如果忽略Add层，可以看到编码器和解码器是对称的。请注意，输入层通过跳跃连接直接连接到输出层。因此，CAE（图10.9中的输入层和输出层的Add层除外）只需估计输入图像和正确图像之间的“差值”，从而使训练更加稳定。

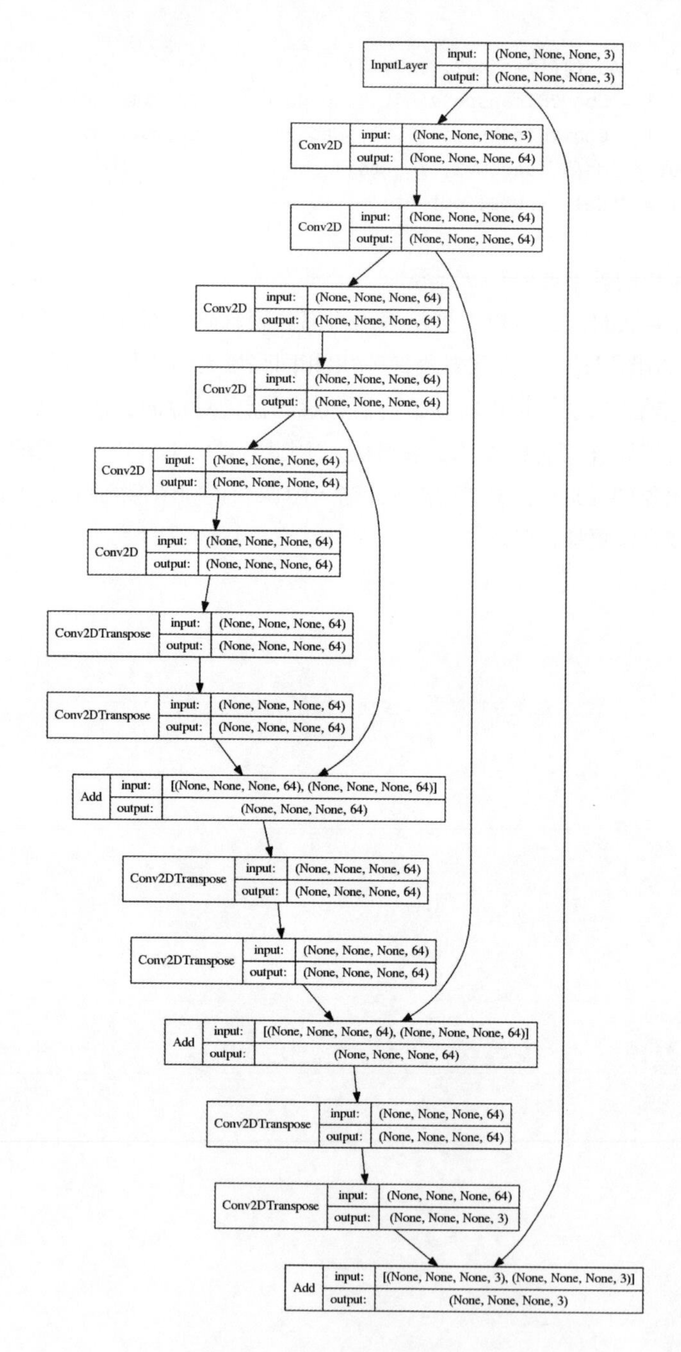

图 10.9　示例 10.7 中构建的模型

数据准备、编译和训练的过程与SRCNN完全相同。将该模型应用于测试数据的结果如图10.10~图10.12所示，结果似乎与SRCNN并没有太大区别，但是其PSNR约为24.4dB，比SRCNN高。

图 10.10　正确答案数据

图 10.11　输入数据

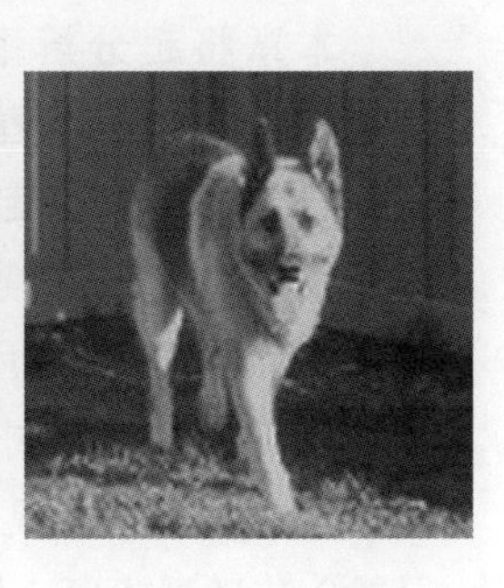

图 10.12　预测结果

10.3 总结

本章将超分辨率成像作为CAE的一个应用。首先介绍了SRCNN，这是一个基于深度学习的超分辨率领先模型；然后介绍了CAE技术，以确定它比SRCNN更好。超分辨率是一个非常类似于第8章去噪的任务，因为它可从丢失信息的图像中重建原始图像。然而，在第8章所述的简单CAE中，输出总是模糊的，因此它不能用于超分辨率成像。在这里，跳跃连接就登场了。通过引入跳跃连接，即使在具有多层的深度网络中，也可以将必要的信息从输入传递到输出，从而解决了输出模糊的问题。

在本章中，我们看到了通过对CAE的编译方法加以修改，可以将其应用到一个称为超分辨率成像的新任务中。但是如果我们设计一个损失函数，就可以做更多有趣的事情。在下一章中，将以画风转换作为演示示例。

CHAPTER 11

画风转换

本章讲解如何实现画风转换。画风转换可以通过在CAE结构的网络中设计损失函数来实现。

11.1 对画风转换的研究

本章将概述画风转换、画风转换中损失函数的设置及其使用方法等。

11.1.1　什么是画风转换

画风转换（Style Transfer）是指将图像的风格转换为不同的风格，同时保持原图像中对象的位置和构成（内容）的过程。下面让我们看一看图11.1的示例。

图 11.1　画风转换的示例

出处 *Perceptual Losses for Real-Time Style Transfer and Super-Resolution*（Justin Johnson, Alexandre Alahi, Li Fei-Fei, 2016），Figure. 4

URL https://arxiv.org/abs/1603.08155.pdf

观察图11.1，我们会发现原来的图像中对象位置和构成保持不变，只有画风改变了。注意，最下面是梵高的一幅作品（The Starry

Night，Vincent van Gogh，1889），作为画风的参考。

这样，画风转换只转换风格，同时保留原始图像的内容，很容易理解，也能实现给人强烈冲击的效果。如果将深度学习模型用在画风转换上，那将大有用武之地。

在此，我们将参考论文*Perceptual Losses for Real-Time Style Transfer and Super-Resolution*（Justin Johnson，Alexandre Alahi，and Li Fei-Fei，2016）①，以尽可能简单的方式实现画风转换，该论文提出了通过深度学习模型进行快速画风转换的方法。

11.1.2 通过改进损失函数扩大适用范围

在机器学习和深度学习中，我们使用损失函数来定义希望输出值接近什么，并通过调整权重参数来减小损失值，从而进行训练、实现预期的输出。

通过设计这个损失函数，深度学习的应用范围扩大了，如本章介绍的画风转换和第10章的超分辨率成像。那么在画风转换中应该使用哪些损失函数呢？

因为我们希望在保持图像内容的同时只转换图像的风格，所以需要定义与内容和风格相关的损失函数，使内容元素保持与原始图像一致的相对距离，并使风格更接近于所提供范本的画风。

这里的重点是，不像以前的网络那样，直接衡量图像像素之间的“接近度”，而是衡量两点——内容的“接近度”和风格的“接近度”。

但是，如何衡量内容和风格的接近度呢？实际上，在这里也可以活用深度学习模型的特性。在深度学习模型中，接近输入的层表现出具体而详细的特征，如边缘、颜色和纹理，并且随着接近输出层，高维概念性特征则更加凸显。考虑到这一点，我们可以理解为当将图像输入到深度学习时，图像的内容和风格等特征也会在中间层表达。

通过将图像输入到深度学习模型中以提取内容和风格的特征并将输出与模型图像进行比较，似乎可以测量内容和风格的接近度。完成此操作后，就可以使用CAE（如前几章所述）生成内容和风格相似的图像。

① URL http://arxiv.org/abs/1603.08155

画风转换就是一个有趣的例子，通过在损失函数的定义上下功夫，实现了新的深度学习模型的活用。因此，在深度学习和生成模型中，我们经常会惊讶地发现，通过对损失函数的定义和设计，深度学习的应用范围会向意想不到的方向扩展。

11.1.3 所需构建网络的概述

要构建的网络有两种：一种是用于图像生成的网络（转换网络），一种是用于损失计算的网络（损失网络），如图11.2所示。

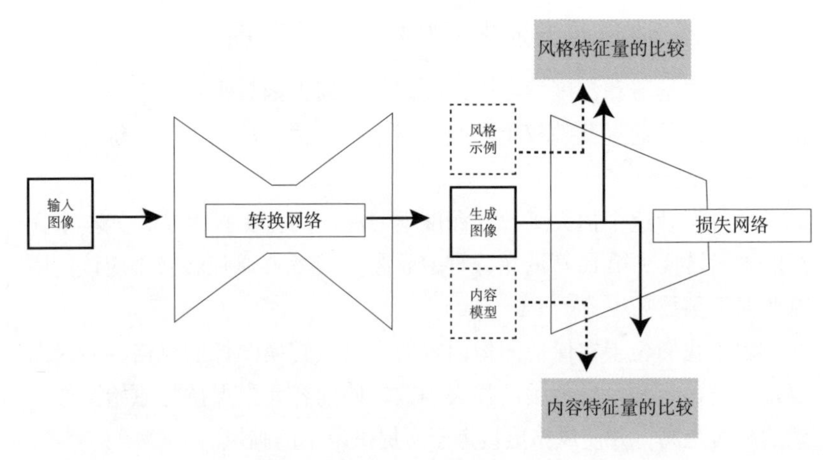

图 11.2 画风变换的网络概念图

图11.2左侧的转换网络与以前的CAE相同。当输入图像时，将生成具有转换了图像风格的图像。

图11.2右侧的损失网络使用训练模型VGG16。因为我们知道，只要对VGG16的结构稍加改动，就可以改造成能够输出代表内容和风格的特征量。因此，如果将图11.2左侧转换网络生成的图像输入到损失网络，则会输出表示内容和风格的特征量。将该特征量与示例图像的特征量进行比较，并将差异定义为损失。

我们只要训练转换网络的权重，以减少损失。最终画风转换所需的也只有转换网络，所以训练结束后不会使用损失网络。

11.2 画风转换模型的训练方法

在构建模型前，需要先了解该项训练的原理。

请参考第11.1节中引用的*Perceptual Losses for Real-Time Style Transfer and Super-Resolution*一文，了解更具体的网络结构，以便组织训练时的输入和输出。

首先，输入一张作为转换对象的图像x，通过转换网络f_W（见图11.3左侧），生成一张进行了某种转换的图像$\hat{y}$。生成的图像进一步输入到损失网络ϕ中，输出中间层的特征量（见图11.3右侧的黑线和箭头）。将输出的特征值与模型特征值进行比较，并进行训练，使它们之间的差值（损失函数）变小。稍后将介绍风格和内容分别由不同的损失函数（使用Gram矩阵或平方误差）定义。

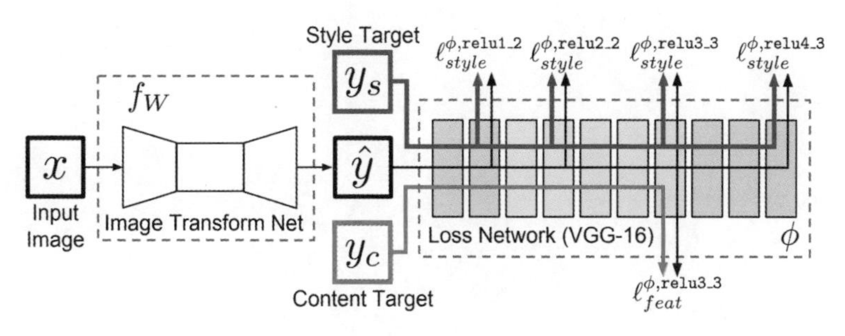

图 11.3　画风转换的网络构成

出处 *Perceptual Losses for Real-Time Style Transfer and Super-Resolution*（Justin Johnson, Alexandre Alahi, Li Fei-Fei，2016），Figure. 2

URL https://arxiv.org/abs/1603.08155.pdf

通过使用模型图像的特征量作为正确答案数据来测量转换图像和正确答案图像之间的差异。由于特征值是从VGG16的不同深度层中提取的，因此在用于训练的网络中，每输入一张图像就输出多个特征值。

模型特征量作为准备工作预先计算，并在训练模型时与图像一起输入。训练过程如下所示。

（1）将图像输入到转换网络，生成转换后的图像。

（2）生成的图像输入到损失网络，输出特征量。

（3）比较输出的特征量和作为模型的特征量（正确数据图像），计算出损失。

（4）误差（损失）被反向传播，转换网络的权重被更新，生成的图像和作为模型的特征量之间的误差逐渐变小。

11.3 构建模型

下面开始实际构建画风转换的模型。

11.3.1 画风转换的实施步骤

画风转换的实施步骤如下所示。虽然会有点长，但还是努力实践一下吧。

步骤1　网络建设。
步骤2　训练数据的准备。
步骤3　定义损失函数。
步骤4　模型的训练。
步骤5　使用模型进行画风转换。

11.3.2 网络建设

步骤1-1：构建转换网络

转换网络是利用卷积层的CAE结构，如图11.4所示。

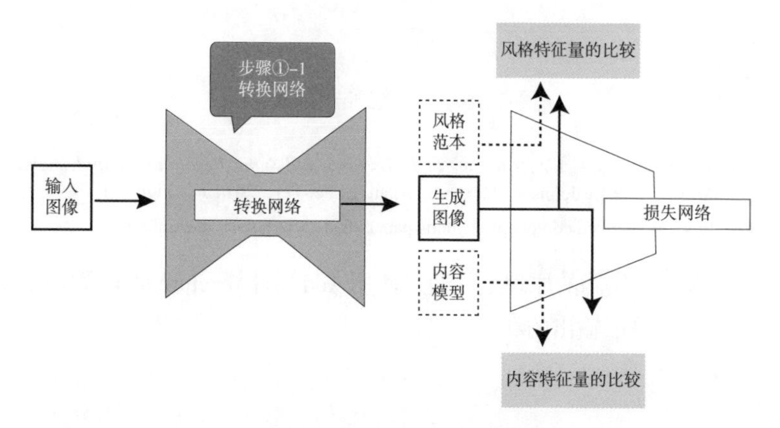

图11.4　转换网络示意图

该网络与一般CAE的区别主要有以下两点。

（1）不使用池化层；
（2）使用残差块（Residual Block）。

第一个不同之处在于，在不使用池化层的情况下，通过增加卷积时的步幅（宽度）来减小特征图的大小。

另一个是引入残差块，这是一种在深入深度学习层时有效地进行学习的方法。

首先，定义一个残差块函数（residual_block()）来创建一个残差块。残差块的结构示意图如图11.5所示。堆叠卷积层和激活函数与第8章和第9章相同，不同之处在于它包含跳跃连接。跳跃连接在第10章中已介绍过。

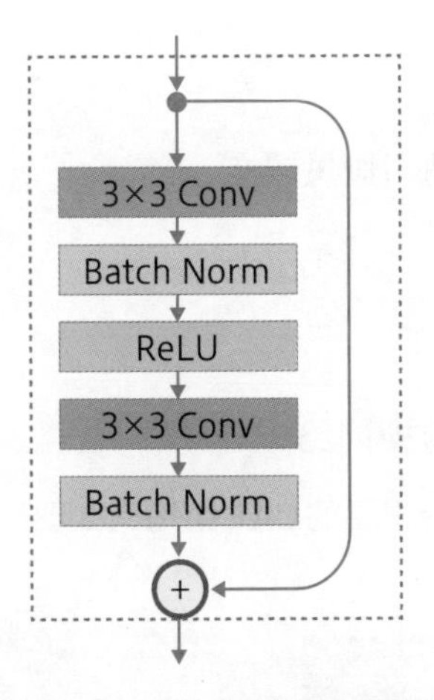

图 11.5　残差块的结构示意图

出处 *Perceptual Losses for Real-Time Style Transfer and Super-Resolution: Supplementary Material*（Justin Johnson, Alexandre Alahi, Li Fei-Fei，2014），Figure. 1

URL https://cs.stanford.edu/people/jcjohns/papers/fast-style/fast-style-supp.pdf

示例11.1代码的原理是，通过使用Add层计算return部分❶中的输入部分和堆叠层输出的和。

示例 11.1　定义用于创建残差块的函数

In

```
from tensorflow.python.keras.layers import Conv2D,
BatchNormalization, Add, Activation


def residual_block(input_ts):
    """生成ResidualBlock的函数"""
    x = Conv2D(
        128, (3, 3), strides=1, padding='same'
    )(input_ts)
    x = BatchNormalization()(x)
    x = Activation('relu')(x)
    x = Conv2D(128, (3, 3), strides=1, padding='same')(x)
    x = BatchNormalization()(x)
    return Add()([x, input_ts])——❶
```

接下来，定义构造转换网络的encoder_decoder()函数（示例11.2）。在Encoder部分，使用Lambda层输入的值被缩放转换为范围[0,1]，进行一次卷积❶。然后通过增加两个步幅数为2的卷积层，在缩小特征量图的同时，增加过滤器的数量❷。此外，我们还使用示例11.1中定义的residual_block()函数堆叠了5个残差块❸。在Decoder部分，使用Conv2DTranspose执行与Encoder部分Conv2D相反的处理，在增加特征量图的同时减少过滤器的数量❹。

最终生成与输入图像大小相同的图像。激活函数（在最后一层以外的层中）使用relu，只有最后一层使用tanh进行缩放，使值为[-1,1]，然后在Lambda层再次进行缩放，使输出值为[0,255]❺。一旦定义了转换网络的生成器函数，就可以通过调用该函数来构建网络。

示例 11.2　定义 encoder-decoder() 函数以构建转换网络

In

```
from tensorflow.python.keras.layers import Input,
Lambda, Conv2DTranspose
from tensorflow.python.keras.models import Model
```

```
def build_encoder_decoder(input_shape=(224, 224, 3)):
    """转换网络的构建"""

    # Encoder部分
    input_ts = Input(shape=input_shape, name='input')

    # 将输入归一化为[0,1]范围
    x = Lambda(lambda a: a/255.)(input_ts)

    x = Conv2D(32, (9, 9), strides=1,padding='same')(x)
    x = BatchNormalization()(x)
    x = Activation('relu')(x)

    x = Conv2D(64, (3, 3), strides=2,padding='same')(x)
    x = BatchNormalization()(x)
    x = Activation('relu')(x)

    x = Conv2D(128, (3, 3), strides=2,padding='same')(x)
    x = BatchNormalization()(x)
    x = Activation('relu')(x)

    # 添加5个残差块
    for _ in range(5):
        x = residual_block(x)

    # Decoder部分
    x = Conv2DTranspose(64, (3, 3), strides=2, padding='same')(x)
    x = BatchNormalization()(x)
    x = Activation('relu')(x)

    x = Conv2DTranspose(32, (3, 3), strides=2,padding='same')(x)
    x = BatchNormalization()(x)
    x = Activation('relu')(x)

    x = Conv2DTranspose(3, (9, 9), strides=1,padding='same')(x)
    x = BatchNormalization()(x)
    x = Activation('tanh')(x)
```

❶ ❷ ❸ ❹

```
    # 比例转换，使输出值为[0,255]
    gen_out = Lambda(lambda a: (a + 1)*127.5)(x)

    model_gen = Model(
        inputs=[input_ts],
        outputs=[gen_out]
    )

    return model_gen

input_shape = (224, 224, 3)

# 构建转换网络
model_gen = build_encoder_decoder(
    input_shape=input_shape
)
```

步骤1-2：构建训练网络

训练网络连接转换网络和损失网络，使其形成网络整体。损失网络使用了一个名为VGG16的训练模型，如图11.6所示，在第6章中也使用了该模型。

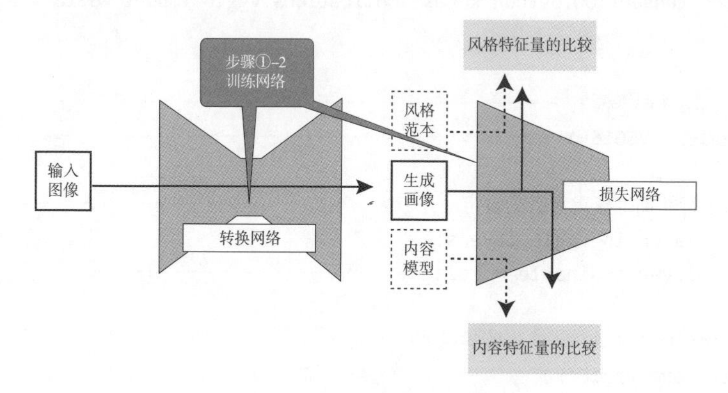

图 11.6　训练网络示意图

但是，这次需要进行修改，以便能够输出从中间层获得的特征量。要提取的VGG16中间层的名称见表11.1。内容特征值从一层提取，风格特征值从4层提取。可以通过访问层对象的name属性来获取层的名称。

表11.1　要提取的VGG16中间层的名称

要　素	层的名称
内容	block3_conv3
风格	block1_conv2、block2_conv2、block3_conv3、block4_conv3

下面看一下示例11.3，首先调用预训练网络VGG16❶。由于不必训练损失网络的权重参数，因此将图层对象的可训练属性设置为False❷。它还定义了对VGG16输入值进行预处理(近似居中和颜色通道转换)的函数。然后，为了能够从中间层提取特征量，在循环VGG16各层的同时重建网络，将希望提取特征量的中间层的输出部分分别添加到列表中进行保存。使用此输出和输入列表来定义新模型。由于输入层使用转换网络的输出，因此我们使用model_gen.output❸。

示例 11.3　训练网络的构建

In

```
from tensorflow.python.keras.applications.vgg16 import VGG16


# 调用预训练模型                         ❶
vgg16 = VGG16()

# 进行非训练权重参数的设定               ❷
for layer in vgg16.layers:
    layer.trainable = False

# 用于预处理VGG16输入值的函数
def norm_vgg16(x):
        """RGB→BGR转换和近似居中函数"""
```

```
    return (x[:, :, :, ::-1] - 120)/255.

# 定义提取特征量层名称
style_layer_names = (
    'block1_conv2',
    'block2_conv2',
    'block3_conv3',
    'block4_conv3'
)
contents_layer_names = ('block3_conv3',)

# 用于保存中间层输出的列表
style_outputs_gen = []
contents_outputs_gen = []

input_gen = model_gen.output  # 输入转换网络的输出 ——❸
z = Lambda(norm_vgg16)(input_gen)  # 输入值的归一化
for layer in vgg16.layers:
    z = layer(z)  # VGG16堆叠VGG16层以重建网络
    if layer.name in style_layer_names:
        # 添加中间层的输出，用于风格特征提取
        style_outputs_gen.append(z)
    if layer.name in contents_layer_names:
        # 添加中间层的输出，用于内容特征提取
        contents_outputs_gen.append(z)

# 定义模型
model = Model(
     inputs=model_gen.input,
     outputs=style_outputs_gen + contents_outputs_gen
)
```

11.3.3 训练数据的准备

创建正确答案数据和生成器以准备训练数据。正确答案数据在模型训练时，需要与输入图像一起传递，因此要提前准备（见表11.2），并由生成器与输入图像一起输出。

表11.2　输入图像数据和正确答案数据

数　据	内　容
输入图像数据	要转换的图像
正确答案数据	作为风格范本的特征量、作为内容模型的特征量

◎ 步骤2–1：准备正确答案数据

首先，准备正确答案数据。正确答案数据是通过损失网络输出的模型图像的特征量。这里的风格范本使用皮特·蒙德里安（Piet Mondrian）作品的图片。内容模型是转换前的图像，即输入图像。

在步骤1-2中，构建了用于输出生成图像特征量的训练网络，也可以用同样的方法提取正确数据的特征量。如表11.3所示，所需的图像数量是需要1张作为风格范本的图像，而作为内容模型的图像只需要和输入图像的数量持平即可。因为风格对于任何内容都是相同的，所以可以在提取特征量时重复使用它。另外，由于内容存在于每个输入的图像中，因此需要提取与输入图像相同数量的特征量。

表11.3　准备正确答案数据的数量

要　素	要使用的图像	图像数量
风格	皮特·蒙德里安的作品	1张
内容	输入图像	约10000张（输入图像的数量）

准备一个风格范本的特征量，如图11.7和示例11.4所示。加载和查看风格范本图像。

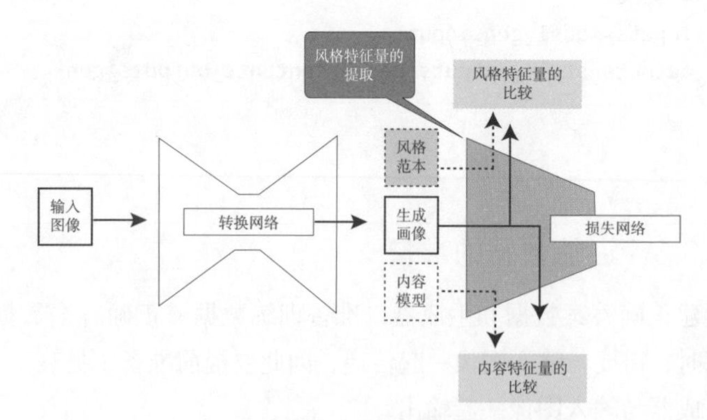

图11.7　风格特征量的提取示意图

示例 11.4　加载风格范本图像

In

```
input_size = input_shape[:2]

# 加载风格范本图像
img_sty = load_img(
    'img/style/Piet_Mondrian_Composition.png',
    target_size=input_size
)

# 显示风格范本图像
img_sty
```

风格范本图像如图11.8所示。

图 11.8　用作风格范本的图像

出处 Com*posi*tion（Piet Mondrian,1916）

将导入的图像转换为numpy.ndarray，然后提高维度，以便可以输入到模型中（示例11.5）。

示例 11.5　将风格范本转换为 numpy.ndarray

In

```
# 将导入的图像转换为numpy.ndarray
img_arr_sty = np.expand_dims(img_to_array(img_sty), axis=0)
```

当图像准备就绪时，从模型图像中提取风格特征量。使用与构建训练网络相同的方法构建仅输出风格特征量的模型（见图11.7），并将模型图像的数组值传递给predict()方法以输出特征量（示例11.6）。

示例 11.6　模型图像风格特征量的提取

In

```
# 定义输入层
input_sty = Input(shape=input_shape, name='input_sty')

style_outputs = []  # 保存中间层输出的列表
x = Lambda(norm_vgg16)(input_sty)
for layer in vgg16.layers:
    x = layer(x)
    if layer.name in style_layer_names:
        style_outputs.append(x)

# 通过输入风格模型图像来定义输出特征量的模型
model_sty = Model(
    inputs=input_sty,
    outputs=style_outputs
)

# 从模型图像中提取成为正确答案数据的特征量
y_true_sty = model_sty.predict(img_arr_sty)
```

同样地，为提取内容特征值做准备，如图11.9所示。由于需要为每个输入的图像提取内容的特征值，因此只定义了输出特征值的模型，实际的提取在示例11.7代码描述的生成器中进行。

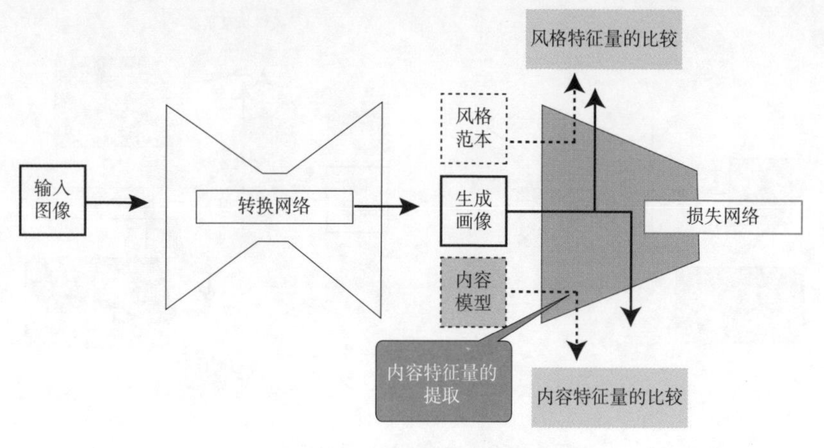

图 11.9 内容特征量的提取示意图

示例 11.7 构建用于提取模型图像内容特征量的网络

In

```
# 定义输入层
input_con = Input(shape=input_shape, name='input_con')

contents_outputs = [] # 保存中间层输出的列表
y = Lambda(norm_vgg16)(input_con)
for layer in vgg16.layers:
    y = layer(y)
    if layer.name in contents_layer_names:
        contents_outputs.append(y)

# 输入内容模型图像以定义输出特征量的模型
model_con = Model(
    inputs=input_con,
    outputs=contents_outputs
)
```

现在，正确的数据已经准备好。通过将这些正确答案数据与要输入的图像一起输入到模型中，就可以进行训练了，如图 11.10 所示。

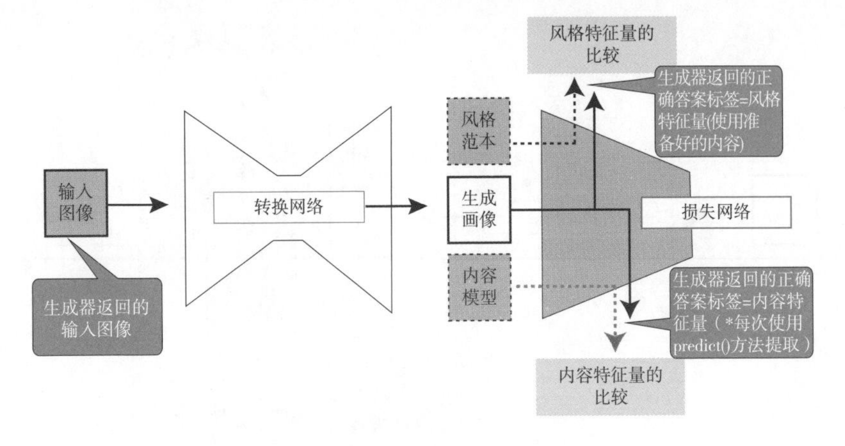

图 11.10　生成器输出的值示意图

步骤2–2：创建生成器

定义一个生成器用来返回输入图像和正确答案数据。由于定义的模型有多个输出，并且在训练期间所使用数据的内容和结构很复杂，因此现在需要自制一个属于自己的生成器。

该生成器返回以下内容：

（1）作为输入值的图像。

（2）作为正确答案数据的风格特征量和内容特征量。

定义用于读取图像文件的包装函数。使用load_imgs()导入图像（示例11.8），需要将其转换为numpy.ndarray，并将数组的维度加1，因此，这些处理是通过函数一起完成的。如果在代码中输入图像文件的路径，则路径中的图像将被格式化并作为数组返回。

示例 11.8　定义图像导入函数

In

```
# 用于读取图像文件的包装函数定义
def load_imgs(img_paths, target_size=(224, 224)):
    """从图像文件路径列表中返回一批数组"""
    _load_img = lambda x: img_to_array(
```

```
        load_img(x, target_size=target_size)
    )
    img_list = [
        np.expand_dims(_load_img(img_path), axis=0)
        for img_path in img_paths
    ]
    return np.concatenate(img_list, axis=0)
```

接下来是生成器的定义。该生成器应该返回一个包含表11.4中所示数据的元组。元组中的第一个元素是用于批处理大小的图像数组，作为输入图像；元组中的第二个元素是正确数据的列表。由于所定义的网络具有多个输出，因此也有多个正确数据被传递到模型。每个批量大小的特征量都包含在列表中。列表中的前4个元素是风格特征量，最后的元素是内容特征量。

表11.4　生成器应返回的数据格式

元组的元素	要存储的元素说明	数据类型
元组的元素1	批量大小的图像	numpy.ndarray
元组的元素2	批量大小图像的风格特征量1	numpy.ndarray
	批量大小图像的风格特征量2	numpy.ndarray
	批量大小图像的风格特征量3	numpy.ndarray
	批量大小图像的风格特征量4	numpy.ndarray
	批量大小图像的内容特征量	numpy.ndarray

在生成生成器的函数中读取批处理大小的图像文件，并提取每个图像的内容特征量。风格特征量对于任何输入图像都是相同的，因此作为函数参数传递。将读取的图像、内容特征量和风格特征量存储在元组中，然后使用yield()语句输出（示例11.9❶）。

示例 11.9　生成器的函数定义

In

```
import math
```

```
def train_generator(img_paths, batch_size, model, ➡
y_true_sty, shuffle=True, epochs=None):
    """生成训练数据的生成器"""
    n_samples = len(img_paths)
    indices = list(range(n_samples))
    steps_per_epoch = math.ceil(n_samples / batch_size)
    img_paths = np.array(img_paths)
    cnt_epoch = 0
    while True:
        cnt_epoch += 1
        if shuffle:
            np.random.shuffle(indices)
        for i in range(steps_per_epoch):
            start = batch_size*i
            end = batch_size*(i + 1)
            X = load_imgs(img_paths[indices[start:end]])
            batch_size_act = X.shape[0]
            y_true_sty_t = [
                np.repeat(feat, batch_size_act, axis=0)
                for feat in y_true_sty
            ]
            # 内容特征量的提取
            y_true_con = model.predict(X)
            yield (X,  y_true_sty_t + [y_true_con])  ❶
        if epochs is not None:
            if cnt_epoch >= epochs:
                raise StopIteration
```

它实际上创建了一个生成器（示例11.10）。参数是所有输入图像文件的路径和批处理的大小，为准备正确数据而构建的内容特征生成模型model_con、风格特征y_true_sty，以及Epoch数都作为参数传递❶。在这里，批处理大小为2，Epoch数为10❷。

示例 11.10　生成器的生成

In

```
import glob


# 获取输入图像文件的路径
```

```
path_glob = os.path.join('img/context/*.jpg')
img_paths = glob.glob(path_glob)

# 设置批处理大小和Epoch数
batch_size = 2
epochs = 10

# 生成生成器
gen = train_generator(
    img_paths,
    batch_size,
    model_con,
    y_true_sty,
    epochs=epochs
)
```

11.3.4 定义损失函数

损失函数定义了如何测量网络输出的值（y_pred）和正确答案数据的值（y_true）之间的差值。在第11.1节中介绍的论文*Perceptual Losses for Real-Time Style Transfer and Super-Resolution*中，内容特征量的损失是用平方误差来测量的，如图11.11和示例11.11所示。当定义自己的丢失函数时，必须创建一个函数，该函数使用y_true和y_pred作为参数，并返回数据点数的丢失值，如图11.12和示例11.12所示。

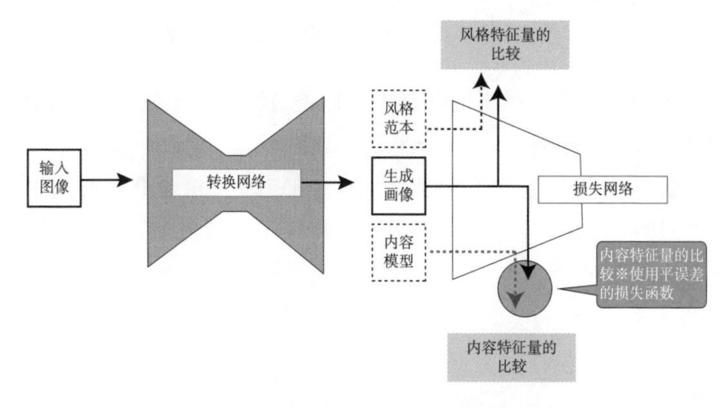

图 11.11　内容特征量的损失函数示意图

示例 11.11　内容特征量的损失函数

In

```
from tensorflow.python.keras import backend as K


def feature_loss(y_true, y_pred):
    """内容特征量的损失函数"""
    norm = K.prod(K.cast(K.shape(y_true)[1:], 'float32'))
    return K.sum(
        K.square(y_pred - y_true), axis=(1, 2, 3)
    )/norm
```

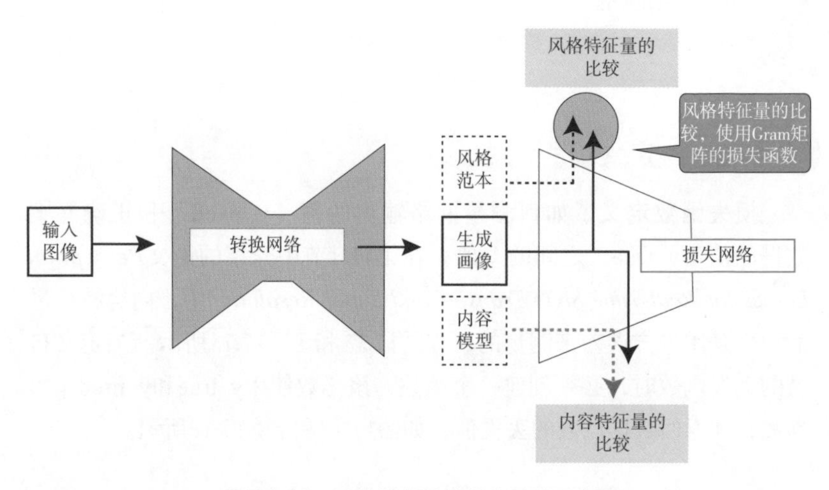

图 11.12　风格特征量的损失函数示意图

上述论文表明，风格的接近度可以通过特征量图之间的内积获得，我们将它称为Gram矩阵，如示例 11.12 ❶所示。

计算输出值和正确答案数据的Gram矩阵，并求出它们的平方误差。在计算Gram矩阵时，由于采用了特征图（通道）的内积，因此最小批量方向和通道方向上的轴保持不变，高度和宽度方向上的轴被展平（Flatten）。我们会提前更换张量轴，为此部署做准备。

示例 11.12　风格特征量的损失函数

In

```
def gram_matrix(X):
    """Gram矩阵的计算"""
    X_sw = K.permute_dimensions(
        X, (0, 3, 2, 1)
    )  # 轴的替换
    s = K.shape(X_sw)
    new_shape = (s[0], s[1], s[2]*s[3])
    X_rs = K.reshape(X_sw, new_shape)
    X_rs_t = K.permute_dimensions(
        X_rs, (0, 2, 1)
    )  # 矩阵转置
    dot = K.batch_dot(X_rs, X_rs_t)  # 计算内积
    norm = K.prod(K.cast(s[1:], 'float32'))
    return dot/norm

def style_loss(y_true, y_pred):
    """风格特征量的损失函数的定义"""
    return K.sum(
        K.square(
            gram_matrix(y_pred) - gram_matrix(y_true)
        ),
        axis=(1, 2)
    )
```

11.3.5　模型的训练

首先，创建一个目录用来存储模型和转换后的图像（示例11.13）。准备就绪后，编译构建的网络并继续训练。编译时优化算法使用Adadelta。对于loss参数，以与5个输出相对应的列表形式传递定义的loss函数示例11.14❶。

示例 11.13　准备用于保存模型和结果的目录

In

```
import datetime
```

```
# 准备用于保存模型和结果的目录
dt = datetime.datetime.now()
dir_log = 'model/{:%y%m%d_%H%M%S}'.format(dt)
dir_weights = 'model/{:%y%m%d_%H%M%S}/weights'.format(dt)
dir_trans = 'model/{:%y%m%d_%H%M%S}/img_trans'.format(dt)

os.makedirs(dir_log, exist_ok=True)
os.makedirs(dir_weights, exist_ok=True)
os.makedirs(dir_trans, exist_ok=True)
```

示例 11.14　编译模型

In

```
from tensorflow.python.keras.optimizers import Adadelta


# 编译模型
model.compile(
      optimizer=Adadelta(),
      loss=[
            style_loss,
            style_loss,
            style_loss,
            style_loss,
            feature_loss
         ],
      loss_weights=[1.0, 1.0, 1.0, 1.0, 3.0]  ❶
)
```

训练是通过使用for语句循环生成的生成器来完成的（示例11.15）。采用将每个小批量处理的输入值传递给train_on_batch()方法。在这里，每训练1000次小批量处理，转换后的图像和模型将被设置为一个Epoch保存一次。

示例 11.15　训练模型

In

```
import pickle
```

```
# 为了确认训练中画风变换的过程，将读取的图像变换为numpy.ndarray
img_test = load_img(
    'img/test/building.jpg', target_size=input_size
)
img_arr_test = img_to_array(img_test)
img_arr_test = np.expand_dims(
    img_to_array(img_test), axis=0
)

# 计算每个Epoch的批处理数
steps_per_epoch = math.ceil(len(img_paths)/batch_size)

iters_verbose = 1000
iters_save_img = 1000
iters_save_model = steps_per_epoch

# 训练中
# 使用GPU训练，需要数小时
now_epoch = 0
losses = []
path_tmp = 'epoch_{}_iters_{}_loss_{:.2f}_{}'
for i, (x_train, y_train) in enumerate(gen):

    if i % steps_per_epoch == 0:
        now_epoch += 1

    # 训练中
    loss = model.train_on_batch(x_train, y_train)
    losses.append(loss)

    # 查看训练进度
    if i % iters_verbose == 0:
        print(
            'epoch:{}, iters:{}, loss:{:.3f}'.format(
                now_epoch, i, loss[0]
            )
        )
```

```
    # 保存图像
    if i % iters_save_img == 0 :
        pred = model_gen.predict(img_arr_test)
        img_pred = array_to_img(pred.squeeze())
        path_trs_img = path_tmp.format(
            now_epoch, i, loss[0], '.jpg'
        )
        img_pred.save(
            os.path.join(
                dir_trans,
                path_trs_img
            )
        )
        print('# image saved:{}'.format(path_trs_img))

    # 保存模型、损失
    if i % iters_save_model == 0 :
        model.save(
            os.path.join(
                dir_weights,
                path_tmp.format(
                    now_epoch, i, loss[0], '.h5'
                )
            )
        )
        path_loss = os.path.join(dir_log, 'loss.pkl')
        with open(path_loss, 'wb') as f:
            pickle.dump(losses, f)
```

训练需要2~3小时[①]。在内容图像为10000张左右的情况下，大概运行10个Epoch就可以进行画风转换了。

11.3.6 使用模型进行画风转换

下面让我们使用训练过的转换网络来执行画风转换，如图11.13和示例11.16所示。

将训练时在示例11.15中读取的用于更改的图像传递给predict()方

① 训练所需的时间或有不同，取决于所使用计算机的配置。

法，以输出转换后的图像（示例11.17）。

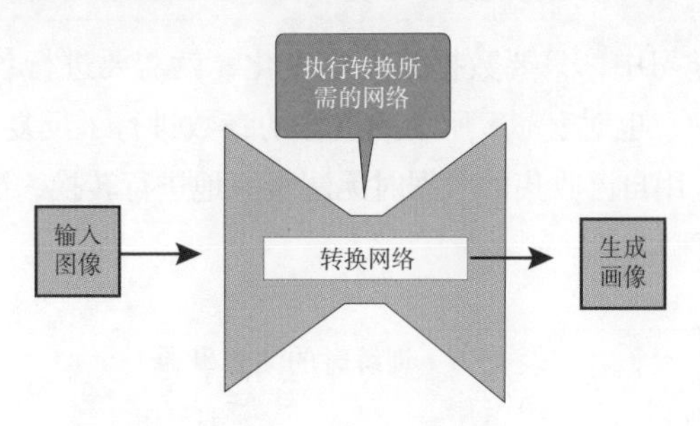

图 11.13　画风转换示意图

示例 11.16　显示转换前的图像

In

```
# 显示转换前的图像
img_test
```

示例 11.17　图像的转换

In

```
# 应用模型
pred = model_gen.predict(img_arr_test)

# 显示转换后的图像
img_pred = array_to_img(pred.squeeze())
img_pred
```

转换前后的图像对比如图11.14所示。

图 11.14　转换前（左）和转换后（右）的图像

11.3.7 训练时的注意事项

在深度学习中，只要数据集发生变化，就需要进行各种调整。在这次的模型中，也对表11.5所示的这样的参数进行了反复实验和调整。如果读者在应用自己收集的数据时无法很好地进行转换，请尝试参考表11.5来改进模型。

表11.5 训练时的注意事项

调整项	说 明
添加训练数据	本实验中训练数据有80000张，可尝试不同的数据集
调整批处理大小	批量大小在较小的值（如2或1）中可能更稳定地训练
Epoch数的调整	用大约10000个训练图像，运行10个Epoch左右，大概可以满足转换
loss_weights的调整	根据风格的不同，有必要使用loss_weights调整内容的损失权重。如果内容难以理解，请尝试更改内容丢失的权重
TVRegularizer的追加调整	虽然本章没有涉及，但是在实际的代码中加入了Total Variation Regularizer（TVRegularizer）这一正则化处理。如果调整这个权重，颜色的感觉也会发生变化

11.4 总结

画风转换可以通过在CAE结构中设计损失来实现。本章使用训练模型的VGG16中间层来计算损失函数，并使用内容和风格的特征来计算损失。另外，我们也体验了有多个输入和输出的复杂模型构建。下一章将实现GAN（生成式对抗网络）。

CHAPTER 12

图像生成

本章将尝试通过构建一个名为BEGAN的网络结构来生成面部照片。

在前面的章节中，我们已经掌握了通过修改CAE和设计损失函数来处理各种任务的能力。特别是第11章介绍了在损失函数中使用神经网络可以应对像画风转换这样连误差的定义都很难的任务。BEGAN是一种利用CAE计算损失函数的网络结构，是一种能够生成真实图像的网络结构。

12.1 CAE和图像生成

本节将简要总结第11章中看到的CAE与图像生成之间的关系，图像生成是本章的主题。

Encoder与Decoder

到目前为止，之前所介绍的自动着色（第9章）、超分辨率成像（第10章）和画风转换（第11章）都是基于CAE的，其网络结构如图12.1所示。在CAE中，图像首先被输入到编码器，转换为中间表现形式，然后中间表现形式通过解码器转换为图像并输出。

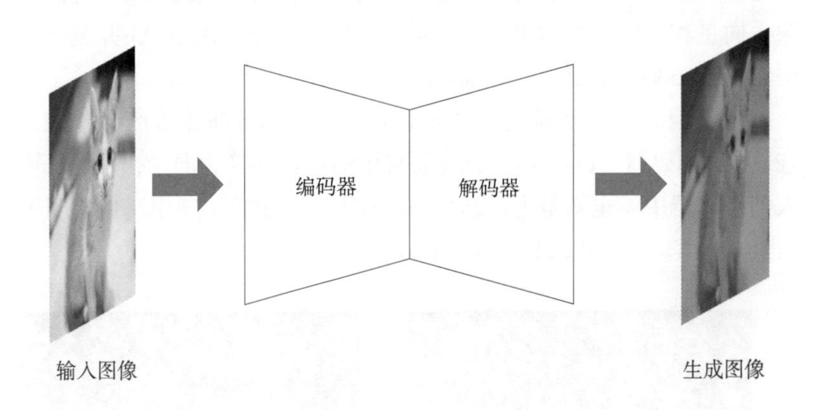

图12.1　CAE的结构

在本章介绍的图像生成中，删除了上述编码器（Encoder），并使用了仅由解码器（Decoder）部分组成的网络，如图12.2所示。与其使用编码器将图像转换为中间形式并将其用作解码器输入，不如直接使用随机向量作为解码器输入。由于以前称为解码器的部分在这里与编码器不配对，所以我们将其称为生成器（Generator），意思是从随机向量生成图像。

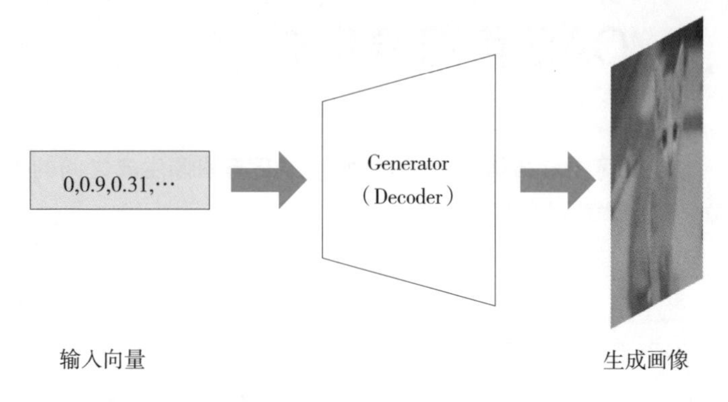

图 12.2　仅由解码器部分组成的网络

那么，如何进行生成器训练呢？

简单地说，如果有一对“输入向量”和“图像”，训练就成为了可能。但是，即使我们可以收集要生成的大量图像，也无法将它们与输入向量相关联。最简单的方法可能是学习图12.1中的CAE并删除编码器（Encoder）。其实大家都知道，这种方法是行不通的。

图12.3和图12.4实际上是以这种方式生成MNIST图像的结果。在图12.3中，编码器（Encoder）预先将MNIST图像转换为向量，并将其输入到生成器中。也就是说，结果与CAE相同。在图12.4中，生成随机向量并将其输入到生成器（Generator）中。

图 12.3　用编码器生成输入向量，然后根据该向量生成的图像

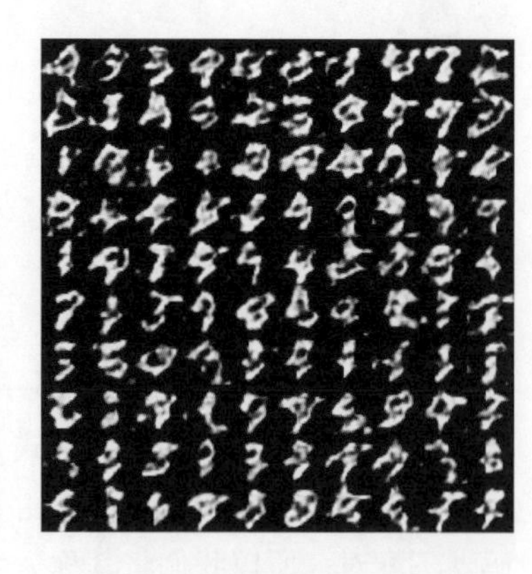

图 12.4　基于随机输入生成的图像

从这两张图中可以看出，这些方法可以为特定的向量清晰地生成图像，但如果给出任意的向量，则不能很好地生成图像。

一种称为变分自动编码器（Variational AutoEncoder，VAE）的方法可以解决此问题，即使在随机输入的情况下，也可以生成精美的图像，如图12.5所示。这里省略细节的解说，但起码要知道VAE的原理是通过在编码器的输出中添加“波动”来解决上述问题的。

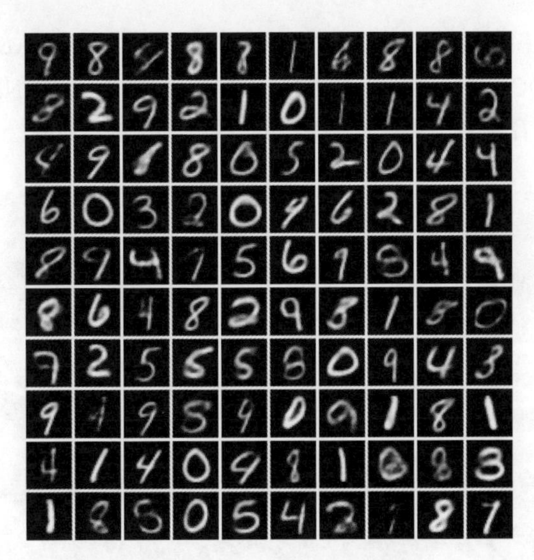

图 12.5　基于 VAE 的生成图像

出处 *Tutorial on Variational Autoencoders*（Carl Doersch，2016），Figure. 7

URL https://arxiv.org/abs/1606.05908

通过引用和链接可以得知，VAE技术自发表以来就一直在积极地推进研究，因为它的理论方面很有趣。但是应用到ImageNet这样的照片上，总有一个问题，就是输出会比较模糊。将图12.5与图12.3进行比较，可以看出已经有些模糊了。

12.2 基于DCGAN的图像生成

本节将介绍一种称为DCGAN的方法，它因能够生成真实的图像而闻名。

深度卷积生成对抗网络（Deep Convolutional Generative Adversarial Network，DCGAN）技术克服了VAE的弱点。随着DCGAN的出现，现在可以生成看起来像实拍照片一样的图像，如图12.6所示。

图 12.6　基于 DCGAN 生成的图像

出处 *Unsupervised Representation Learning with Deep Convolutional Generative Adversarial Networks*（Alec Radford, Luke Metz, Soumith Chintala, 2015），Figure. 3

URL https://arxiv.org/abs/1511.06434.pdf

如第11章所述的画风转换一样，DCGAN也是利用神经网络处理损失函数，使生成真实图像成为可能，其网络结构如图12.7所示。

DCGAN首先向生成器（Generator）提供随机输入。生成器的输出图像（生成的图像）被输入到负责计算损失的网络，称为鉴别器（Discriminator）。鉴别器确定输入是生成的还是真实的图像。让生成器学习生成鉴别器误认为是现实生活的图像。如果鉴别器足够聪明，而生成器生成的输入都成功地欺骗了它，就意味着生成了与真实事物无法区分的图像。

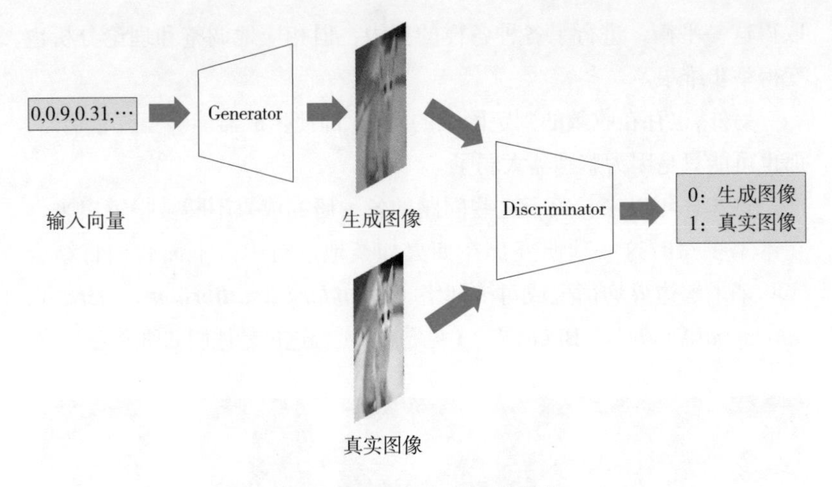

图 12.7　DCGAN 的网络结构

那么，应该使用什么样的网络作为鉴别器呢?

对于画风转换，我们可以使用训练过的VGG16，但没有一个训练过的模型可以将生成器生成的图像与真实图像区分开。此外，如果鉴别器太聪明，生成器很难欺骗鉴别器，因此训练可能会失败。相反，如果鉴别器太弱，很容易上当，那么生成器就不需要变得聪明，画面也当然就不会实现足够逼真。 DCGAN通过让生成器和鉴别器交替训练并继续平衡强度来解决这个问题，如图12.8所示。

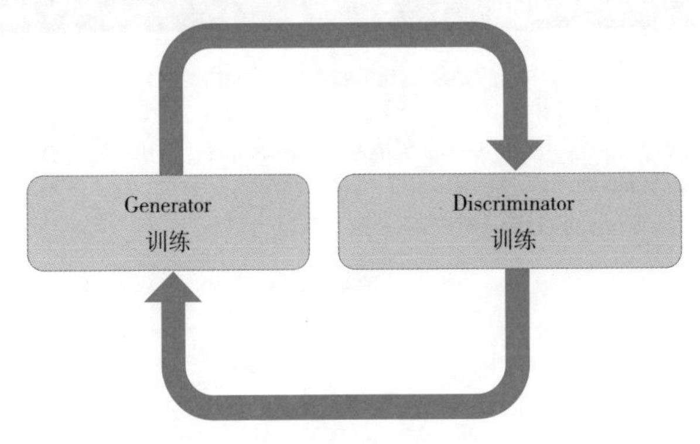

图 12.8　DCGAN 的训练

DCGAN使我们能够生成非常逼真的图像,但仍然存在挑战。首先，这有一个很难平衡生成器和鉴别器强度的问题。在DCGAN中，为了取得这一平衡，进行了各种各样的努力，但相应地调整和理论分析也变得举步维艰。

另外，也存在收敛的判定困难的问题。即使生成器能够骗过鉴别器，那也可能只是因为鉴别器太弱了。

自2016年以来，关于这些问题的各种研究成果不断被报道出来，在本书撰写时这一项研究仍在如火如荼地进行中。下面我们将结合实际来了解边界均衡生成对抗网络（*Boundary Equilibrium Generative Adversarial Networks*，BEGAN）（见图12.9），这也是他们的研究之一。

图 12.9　BEGAN 生成的图像

出处　*BEGAN: Boundary Equilibrium Generative Adversarial Networks*（David Berthelot, Thomas Schumm, Luke Metz，2017），Figure. 2

URL　https://arxiv.org/abs/1703.10717.pdf

12.3 BEGAN（边界均衡生成对抗网络）

本节简要介绍了BEGAN的特性，BEGAN是DCGAN的发展形式。

12.3.1 BEGAN的特点

BEGAN（Boundary Equilibrium Generative Adversarial Networks，边界均衡生成对抗网络）的最大特点是鉴别器使用CAE而不是分类器，如图12.10所示。

鉴别器通过训练使实际图像的重构误差变小，而生成器生成的图像则反过来训练使重构误差变大。生成器为了减小鉴别器的重构误差而进行学习。

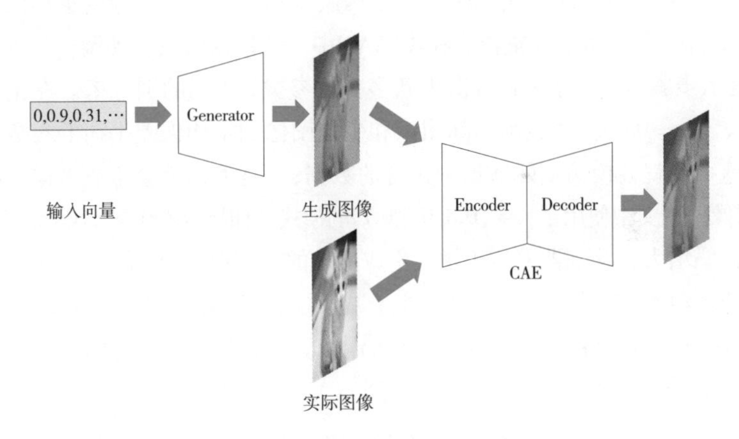

图 12.10　BEGAN 的网络结构

让我们来看看BEGAN相关论文中出现的损失函数的定义。

$$\mathcal{L}_G = \mathcal{L}\left(G\left(z_G\right)\right)$$

$$\mathcal{L}_D = \mathcal{L}(x) - k_t\mathcal{L}\left(G\left(z_D\right)\right)$$

$$k_{t+1} = k_t + \lambda_k\left(\gamma\mathcal{L}(x) - \mathcal{L}\left(G\left(z_G\right)\right)\right)$$

其中，$\mathcal{L}_D$是鉴别器的损失函数，$\mathcal{L}_G$是生成器的损失函数。鉴别器训练使$\mathcal{L}_D$变小，而生成器则训练$\mathcal{L}_G$变小。

X表示实际图像，z_D和z_G表示输入到生成器的随机向量。训练鉴别器时使用的值和训练生成器时使用的值不同，所以用下标区分。另外，$G(\cdot)$表示生成器的输出，$\mathcal{L}(\cdot)$表示鉴别器的重构误差（论文中使用的是平均绝对误差，即差的绝对值的平均值）。

首先来看$\mathcal{L}_G$。$G(z_G)$是放入z_G时生成器的输出，将其进一步放入$\mathcal{L}$。这表示将生成器生成的图像放入鉴别器时的重构误差。在生成器训练中，需要训练如何使这个值变小。

接下来是$\mathcal{L}_D$。$\mathcal{L}(x)$表示实际图像的重构误差，因为X是实际图像。另外，如上所述，$\mathcal{L}(G(z_D))$是生成器生成的图像的重构误差。k_t是正值，表示对$\mathcal{L}(x)$和$\mathcal{L}(G(z_D))$的重视程度。鉴别器训练使这个值变小，所以尽量减小$\mathcal{L}(x)$，尝试增大$\mathcal{L}(G(z_D))$。

最后让我们看看k_t，这个有点复杂。如上所述，k_t是表示在训练鉴别器时，对于减少实际图像的重构误差和增大生成图像的重构误差中的哪一个权重更加重视。在BEGAN中，会根据公式自动调整权重。t表示步骤数。λ_k表示k_t每次更新多少的参数，是k_t的训练率。在论文中，$\lambda_k = 0.001$。γ表示实际图像和生成图像的重构误差平衡的参数，γ越小，就会模仿实际数据中包含的数据；γ越大，就会生成多样性的图像。论文中使用了$\gamma = \{0.3, 0.5, 0.7\}$的模式。如果$\gamma\mathcal{L}(x) > \mathcal{L}(G(z_G))$，则$k_{t+1}$增大，鉴别器专注于增大生成图像的重构误差$\mathcal{L}(G(z_G))$。相反，如果$\gamma\mathcal{L}(x) < \mathcal{L}(G(z_G))$，则专注于减小实际图像的重构误差$\mathcal{L}(x)$。随着训练的进行，$\gamma\mathcal{L}(x) - \mathcal{L}(G(z_G))$接近0，$kt$收敛到一定的值。每个变量的含义总结在表12.1中。

表12.1　BEGAN中各变量的含义

变　量	含　义
$\mathcal{L}_G$	生成器的损失函数
$\mathcal{L}_D$	鉴别器的损失函数
$\mathcal{L}(\cdot)$	鉴别器的重构误差
$G(\cdot)$	生成器（生成图像的函数）
X	真实图像

（续）

变　量	含　义
z_G	输入到生成器中的随机向量（训练生成器时）
z_D	输入到生成器中的随机向量（训练鉴别器时）
k_t	对 $\mathcal{L}(x)$ 和 $\mathcal{L}(G(z_D))$ 重视程度的权重（自动变动）
λ_k	对k_t的训练率（论文中$\lambda_k = 0.001$）
γ	表示真实图像和生成图像的重构误差平衡的参数（论文中$\gamma = \{0.3, 0.5, 0.7\}$）

12.3.2　BEGAN的收敛判定

DCGAN很难进行收敛判定，但BEGAN可以通过实际图像重构误差k_t较小，以及k_t处出现的$\gamma\mathcal{L}(x) - \mathcal{L}(G(z_G))$接近0来进行判定。具体而言，用以下公式来定义。如果$\mathcal{M}_{\text{global}}$接近0，就可以判定为收敛了。

$$\mathcal{M}_{\text{global}} = \mathcal{L}(x) + |\gamma\mathcal{L}(x) - \mathcal{L}(G(z_G))|$$

12.4 BEGAN的实践

本节将体验如何实现BEGAN。

12.4.1 准备数据

在此，利用*Age and Gender Estimation of Unfiltered Faces*（Eran Eidinger, Roee Enbar, Tal Hassner, 2013）这篇论文中使用的面部图像数据集，如图12.11所示。

图 12.11　面部图像数据集

出处 *Age and Gender Estimation of Unfiltered Faces* (Eran Eidinger, Roee Enbar, Tal Hassner, 2013)

URL https://www.openu.ac.il/home/hassner/Adience/EidingerEnbarHassner_tifs.pdf

在示例12.1中，假设面部图像数据存储于 data / chap12 / faces文件夹下，并读取数据。

示例 12.1　读取图像数据

In

```
DATA_DIR = 'data/chap12/'
BATCH_SIZE = 16
IMG_SHAPE = (64, 64, 3)

data_gen = ImageDataGenerator(rescale=1/255.)
```

```
train_data_generator = data_gen.flow_from_directory(
    directory=DATA_DIR,
    classes=['faces'],
    class_mode=None,
    batch_size=BATCH_SIZE,
    target_size=IMG_SHAPE[:2]
)
```

12.4.2 定义模型

接下来定义模型。根据以下BEGAN的论文确定各种参数，如图12.12所示。

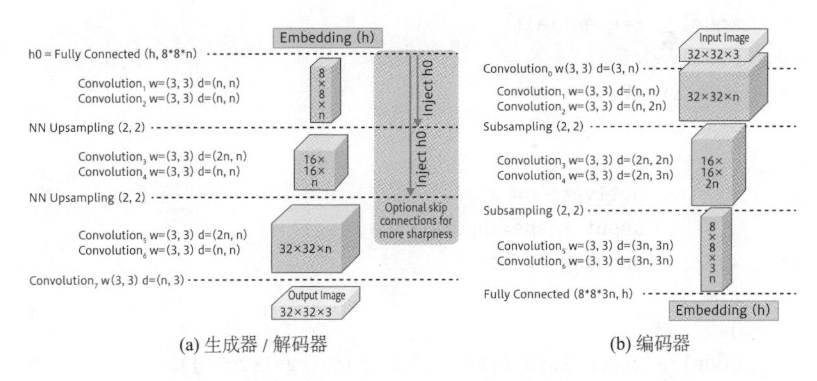

(a) 生成器 / 解码器　　(b) 编码器

图 12.12　BEGAN 的具体网络结构

出处 *BEGAN: Boundary Equilibrium Generative Adversarial Networks*（David Berthelot, Thomas Schumm, Luke Metz，2017），Figure. 1

URL https://arxiv.org/abs/1703.10717.pdf

首先是定义编码器（示例12.2）。它的基本结构与前面多次出现的结构没有什么不同，但它使用ELU而不是ReLU作为激活函数，并使用Stride 2的卷积层而不是MaxPool2D来调整特征图的大小。

不仅是BEGAN，GAN系列的网络很多都很复杂、很难优化，并且已经进行了各种微调。有很多细节是反复试错的结果，所以最好严格按照论文中描述的方法进行。

示例 12.2　编码器的定义

In

```
def build_encoder(input_shape, z_size, n_filters, n_layers):
    """构建编码器

    Arguments:
        input_shape (int): 图像的shape
        z_size (int): 特征空间的维数
        n_filters(Int)：滤波器数

    Returns:
        model (Model): Encoder模型
    """
    model = Sequential( )
    model.add(
        Conv2D(
            n_filters,
            3,
            activation='elu',
            input_shape=input_shape,
            padding='same'
        )
    )
    model.add(Conv2D(n_filters, 3, padding='same'))
    for i in range(2, n_layers + 1):
        model.add(
            Conv2D(
                i*n_filters,
                3,
                activation='elu',
                padding='same'
            )
        )
        model.add(
                Conv2D(
                i*n_filters,
                3,
                activation='elu',strides=2,
```

```
                padding='same'
            )
        )
    model.add(Conv2D(n_layers*n_filters, 3, padding='same'))
    model.add(Flatten( ))
    model.add(Dense(z_size))

    return model
```

接下来，让我们看一看生成器／解码器的定义（示例12.3）。在BEGAN中，生成器使用与鉴别器的解码器相同的结构（不共享权重）。

示例 12.3　生成器／解码器的定义

In

```
def build_decoder(output_shape, z_size, n_filters, n_layers):
    """构建解码器

    Arguments:
        output_shape (np.array): 图像的shape
        z_size(Int)：特征空间的维数
        n_filters (int): 过滤器的数量
        n_layers (int): 层数

    Returns:
        model (Model): Decoder模型
    """
    # UpSampling2D能放大多少倍
    scale = 2**(n_layers - 1)
    # 从scale反向计算第一卷积层的输入大小
    fc_shape = (
        output_shape[0]//scale,
        output_shape[1]//scale,
        n_filters
    )
    # 反向计算全连接层所需的尺寸
    fc_size = fc_shape[0]*fc_shape[1]*fc_shape[2]
```

```
model = Sequential( )
# 全连接层
model.add(Dense(fc_size, input_shape=(z_size,)))
model.add(Reshape(fc_shape))

# 重复卷积层
for i in range(n_layers - 1):
    model.add(
        Conv2D(
            n_filters,
            3,
            activation='elu',
            padding='same'
        )
    )
    model.add(
        Conv2D(
            n_filters,
            3,
            activation='elu',
            padding='same'
        )
    )
    model.add(UpSampling2D( ))

# 最后一层不需要UpSampling2D
model.add(
    Conv2D(
        n_filters,
        3,
        activation='elu',
        padding='same'
    )
)
model.add(
    Conv2D(
        n_filters,
        3,
        activation='elu',
```

```
            padding='same'
        )
    )
    # 输出层有3个通道
    model.add(Conv2D(3, 3, padding='same'))

    return model
```

使用示例12.2和示例12.3构建生成器和鉴别器。由于生成器是解码器本身，因此可以如示例12.4所示进行定义。

示例 12.4 生成器的定义

In

```
def build_generator(img_shape, z_size, n_filters, n_layers):
    decoder = build_decoder(
        img_shape, z_size, n_filters, n_layers
    )
    return decoder
```

另外，鉴别器可以如示例12.5所示，将编码器和解码器组合起来构建。

示例 12.5 鉴别器的定义

In

```
def build_discriminator(img_shape, z_size, n_filters, n_layers):
    encoder = build_encoder(
        img_shape, z_size, n_filters, n_layers
    )
    decoder = build_decoder(
        img_shape, z_size, n_filters, n_layers
    )
    return Sequential((encoder, decoder))
```

最后，我们将构建一个网络来训练鉴别器（示例12.6），如图12.13所示，鉴别器具有两种类型的输入，即生成图像和真实图像。

同样地，从损失函数的定义中可以看出，每个输出必须加上权重。因此，我们设计了一个鉴别器，使其每个输入/输出都有两个。

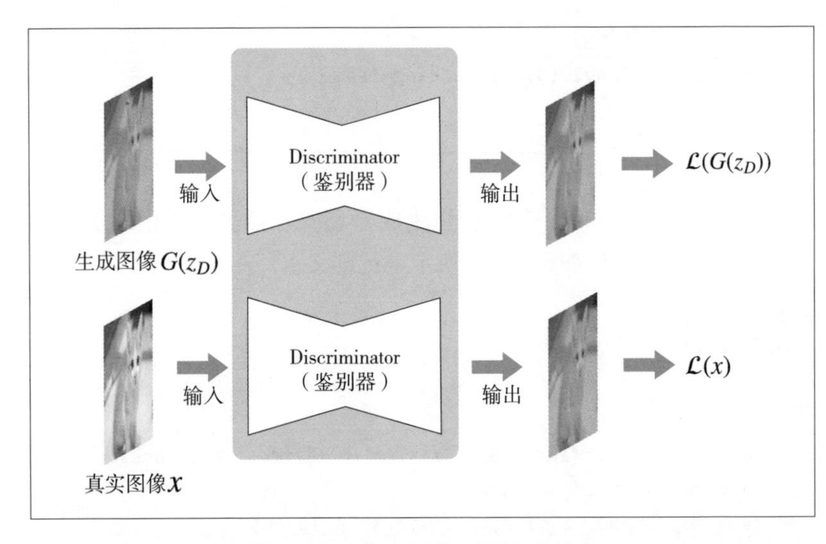

图 12.13　鉴别器的两种输入和输出

示例 12.6　训练鉴别器的网络

In

```
def build_discriminator_trainer(discriminator):
    img_shape = discriminator.input_shape[1:]
    real_inputs = Input(img_shape)
    fake_inputs = Input(img_shape)
    real_outputs = discriminator(real_inputs)
    fake_outputs = discriminator(fake_inputs)

    return Model(
        inputs=[real_inputs, fake_inputs],
        outputs=[real_outputs, fake_outputs]
    )
```

到目前为止，我们已经有了一个网络定义函数，我们将尝试构建这个网络（示例12.7）。

示例 12.7　构建网络

In

```
n_filters = 64      # 过滤器数量
n_layers = 4       # 层数
z_size = 32        # 特征空间维度

generator = build_generator(
    IMG_SHAPE, z_size, n_filters, n_layers
)
discriminator = build_discriminator(
    IMG_SHAPE, z_size, n_filters, n_layers
)
discriminator_trainer = build_discriminator_trainer(
    discriminator
)

generator.summary()
# discriminator.layers[1]表示Decoder
discriminator.layers[1].summary()
```

Out

```
_________________________________________________________________
Layer (type)                 Output Shape              Param #
=================================================================
dense_1 (Dense)              (None, 4096)              135168
_________________________________________________________________
reshape_1 (Reshape)          (None, 8, 8, 64)          0
_________________________________________________________________
conv2d_1 (Conv2D)            (None, 8, 8, 64)          36928
_________________________________________________________________
conv2d_2 (Conv2D)            (None, 8, 8, 64)          36928
_________________________________________________________________
up_sampling2d_1 (UpSampling2 (None, 16, 16, 64)        0
_________________________________________________________________
conv2d_3 (Conv2D)            (None, 16, 16, 64)        36928
_________________________________________________________________
conv2d_4 (Conv2D)            (None, 16, 16, 64)        36928
_________________________________________________________________
```

```
up_sampling2d_2 (UpSampling2  (None, 32, 32, 64)      0
_________________________________________________________________
conv2d_5 (Conv2D)             (None, 32, 32, 64)      36928
_________________________________________________________________
conv2d_6 (Conv2D)             (None, 32, 32, 64)      36928
_________________________________________________________________
up_sampling2d_3 (UpSampling2  (None, 64, 64, 64)      0
_________________________________________________________________
conv2d_7 (Conv2D)             (None, 64, 64, 64)      36928
_________________________________________________________________
conv2d_8 (Conv2D)             (None, 64, 64, 64)      36928
_________________________________________________________________
conv2d_9 (Conv2D)             (None, 64, 64, 3)       1731
=================================================================
Total params: 432,323
Trainable params: 432,323
Non-trainable params: 0
_________________________________________________________________
_________________________________________________________________
Layer (type)                  Output Shape            Param #
=================================================================
dense_3 (Dense)               (None, 4096)            135168
_________________________________________________________________
reshape_2 (Reshape)           (None, 8, 8, 64)        0
_________________________________________________________________
conv2d_19 (Conv2D)            (None, 8, 8, 64)        36928
_________________________________________________________________
conv2d_20 (Conv2D)            (None, 8, 8, 64)        36928
_________________________________________________________________
up_sampling2d_4 (UpSampling2  (None, 16, 16, 64)      0
_________________________________________________________________
conv2d_21 (Conv2D)            (None, 16, 16, 64)      36928
_________________________________________________________________
conv2d_22 (Conv2D)            (None, 16, 16, 64)      36928
_________________________________________________________________
up_sampling2d_5 (UpSampling2  (None, 32, 32, 64)      0
_________________________________________________________________
conv2d_23 (Conv2D)            (None, 32, 32, 64)      36928
_________________________________________________________________
```

```
conv2d_24 (Conv2D)              (None, 32, 32, 64)        36928
_________________________________________________________________
up_sampling2d_6 (UpSampling2    (None, 64, 64, 64)        0
_________________________________________________________________
conv2d_25 (Conv2D)              (None, 64, 64, 64)        36928
_________________________________________________________________
conv2d_26 (Conv2D)              (None, 64, 64, 64)        36928
_________________________________________________________________
conv2d_27 (Conv2D)              (None, 64, 64, 3)         1731
=================================================================
Total params: 432,323
Trainable params: 432,323
Non-trainable params: 0
_________________________________________________________________
```

12.4.3　损失函数的定义和模型的编译

接下来定义损失函数（示例12.8）。如前所述，生成器的损失函数会输出鉴别器的重构误差。在此忽略y_true，因为它没有特别正确的标签。

示例 12.8　定义损失函数

In

```
from tensorflow.python.keras.losses import mean_absolute_error


def build_generator_loss(discriminator):
    # 使用discriminator定义损失函数
    def loss(y_true, y_pred):
        # y_true是假的
        reconst = discriminator(y_pred)
        return mean_absolute_error(
            reconst,
            y_pred
        )
    return loss
```

利用这个损失函数，编译生成器（示例12.9）。

示例 12.9　生成器的编译

In

```
# 初始训练率(Generator)
g_lr = 0.0001

generator_loss = build_generator_loss(discriminator)
generator.compile(
    loss=generator_loss,
    optimizer=Adam(g_lr)
)
```

接下来是鉴别器，训练时使用前面提到的discriminator_trainer（示例12.10）。discriminator_trainer有两个输出，因此损失函数是两个列表，每个权重都由loss_weights指定。

示例 12.10　鉴别器的编译

In

```
# 初始训练率（Discriminator）
d_lr = 0.0001

# k_var是数字(普通变量)
k_var = 0.0
# k是Keras(TensorFlow)的变量
k = K.variable(k_var)
discriminator_trainer.compile(
    loss=[
        mean_absolute_error,
        mean_absolute_error
    ],
    loss_weights=[1., -k],
    optimizer=Adam(d_lr)
)
```

您可能不熟悉k=K.variable(k_var)的部分。如第11.3节所述，loss_

weights需要动态更新。因此，我们将TensorFlow（Keras）中的Variable指定为权重，而不仅仅是一个变量，以便在训练期间更新。

最后，我们还定义了一个收敛函数（示例12.11），可以在训练时指定此函数，以确保该函数朝着收敛方向前进。

示例 12.11　收敛函数定义

In

```
def measure(real_loss, fake_loss, gamma):
    return real_loss + np.abs(gamma*real_loss - fake_loss)
```

12.4.4　训练

现在，让我们看一看训练的代码（示例12.12）。

示例 12.12　训练的代码

In

```
# 用于更新k的参数
GAMMA = 0.5
LR_K = 0.001

# 重复次数，指定为100000~1000000
TOTAL_STEPS = 100000

# 保存模型和用于确认的生成图像的目录
MODEL_SAVE_DIR = 'began_s/models'
IMG_SAVE_DIR = 'began_s/imgs'
# 生成5×5个图像以供确认
IMG_SAMPLE_SHAPE = (5, 5)
N_IMG_SAMPLES = np.prod(IMG_SAMPLE_SHAPE)


# 如果没有保存目标，则创建
os.makedirs(MODEL_SAVE_DIR, exist_ok=True)
os.makedirs(IMG_SAVE_DIR, exist_ok=True)
```

```
# 样本图像的随机种子
sample_seeds = np.random.uniform(
    -1, 1, (N_IMG_SAMPLES, z_size)
)

history = []
logs = []

for step, batch in enumerate(train_data_generator):
    # 如果样本数小于BATCH_SIZE，则跳过
    # 当图像总数不是BATCH_SIZE的倍数时出现
    if len(batch) < BATCH_SIZE:
        continue

    # 训练结束
    if step > TOTAL_STEPS:
        break

    # 生成随机数                                    ❶
    z_g = np.random.uniform(
        -1, 1, (BATCH_SIZE, z_size)
    )
    z_d = np.random.uniform(
        -1, 1, (BATCH_SIZE, z_size)
    )

    # 生成图像（用于discriminator的训练）          ❷
    g_pred = generator.predict(z_d)

    # 让generator训练一个步幅                       ❸
    generator.train_on_batch(z_g, batch)
    # 让discriminator训练一个步幅                   ❹
    _, real_loss, fake_loss = discriminator_➡
trainer.train_on_batch(
            [batch, g_pred],
            [batch, g_pred]
    )
```

12 图像生成

```
# 更新k
k_var += LR_K*(GAMMA*real_loss - fake_loss)    ❺
K.set_value(k, k_var)

# 保存loss以计算g_measure
history.append({
    'real_loss': real_loss,
    'fake_loss': fake_loss
})

# 每1000次显示一次日志
if step%1000 == 0:
    # 过去1000次的测量值进行平均
    measurement = np.mean([
        measure(
            loss['real_loss'],
            loss['fake_loss'],
            GAMMA
        )
        for loss in history[-1000:]
    ])

    logs.append({
        'k': K.get_value(k),
        'measure': measurement,
        'real_loss': real_loss,
        'fake_loss': fake_loss
    })
    print(logs[-1])

    # 保存图像
    img_path = '{}/generated_{}.png'.format(
        IMG_SAVE_DIR,
        step
    )
    save_imgs(
        img_path,
        generator.predict(sample_seeds),
```

```
            rows=IMG_SAMPLE_SHAPE[0],
            cols=IMG_SAMPLE_SHAPE[1]
        )
        # 保存最新的模型
        generator.save('{}/generator_{}.hd5'.➡
format(MODEL_SAVE_DIR, step))
        discriminator.save('{}/discriminator_{}.hd5'.➡
format(MODEL_SAVE_DIR, step))
```

首先，我们生成了一个随机数❶，它对应于第12.3节中提到的 z_G 和 z_D。

接下来，由于训练鉴别器需要生成图像，所以我们使用生成器生成图像❷。

使用 z_G 来训练一个步骤的生成器❸和鉴别器❹。与以往不同，我们没有使用fit()方法和fit_generator()方法，因为必须让两个网络交替训练。

最后是k的更新。可根据12.3节中的公式更新k_var，并使用K.set_value()方法更新TensorFlow中的变量k❺。

图12.14显示了将该循环运行约100000次的结果，可以看到很成功地生成了人脸图像。

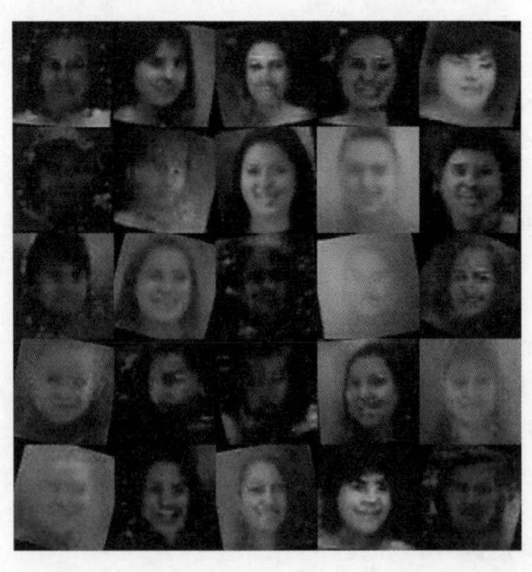

图 12.14　大约 100000 次循环执行后得到的图像

12.5 总结

本章概述了图像生成的基本原理，并介绍了BEGAN，这是本书写作时的最新方法。BEGAN的特点是使用CAE作为鉴别器，它具有DCGAN所不具备的特性，如可以确定收敛性。

在这里，我们只介绍了一种简单的图像生成方法，但GAN系统的研究已经扩展到了不同的范围。本章还提供了一个Conditional GAN（参考MEMO）、用于图像转换而不是图像生成的pix2pix（参考MEMO）和CycleGAN（参考MEMO），以及用于图像以外应用场景的SeqGAN（参考MEMO）。

许多实验结果是公开的，请务必参阅。

MEMO

Conditional GAN

在通常的GAN中，由于从随机的数值生成图像，因此不能控制生成的图像。在Conditional GAN中，通过在生成器和鉴别器的输入中追加指定条件的标签，可以控制生成的图像。

MEMO

pix2pix

使用2016年提出的方法，将GAN用于图像转换而不是图像生成，并且实现了非常高精度的转换。第1章提到的从线条画中生成图像等就是根据该方法进行的。

MEMO

CycleGAN

pix2pix是所谓的监督学习，学习时需要一对输入图像和对输出图像，但是在CycleGAN中，使用了称为cycle consistency loss的损失函数，能够在没有输入图像和输出图像对的情况下进行图像转换。

MEMO

SeqGAN

SeqGAN登场以前，GAN主要是以图像为对象。在SeqGAN中，通过采用强化学习的方法，使GAN能应用于像自然语言一样的离散数据序列。